수처리기술
WATER TREATMENT

KB239824

초보자부터 전문가까지, 최신 수처리기술의 모든 것!

수처리기술
WATER TREATMENT

쿠리타공업 (주) 저 | 고인준, 안창진, 원흥연, 박종호, 강태우, 박종문, 양민수 역

수처리 관련 내용을 간단명료하게 도식화하여 초보자도 쉽게 이해할 수 있도록
구성하였고, 전문가를 위한 다양한 최신 수처리기술과 개념을 심도 있게 정리하였다.

씨
아이
알

저자 서문

지구상의 동식물의 생명을 유지하기 위한 필수요소인 물은 시대와 함께 그 사용되는 환경이 변화하여 왔습니다. 예전에는 먹는 음료수, 만지고 관찰하는 수경용수가 주체였지만, 현재는 수세식 화장실 등으로 대표되는 생활용수가 주체가 되었으며, 사람이 쾌적한 생활을 보내기 위해 없어서는 안 되는 것이 되었습니다.

물은 생활이나 산업에서 항상 새로운 용도로 사용되어, 사용이 끝난 후에는 하천으로 방류되고, 나중에는 증발해서 강우가 되어 지구상을 순환하고 있습니다. 이 흐름 속에서 처리수가 가지는 역할은 더러워진 물을 화학처리하여 음료수나 공업용수로 재이용할 수 있도록 하는 것입니다.

수처리를 하는 일반적인 목적은 수중에 존재하는 오탁물질을 분리하여 제거하는 것입니다. 이러한 오탁물질을 제거하기 위해서는 그 성상을 기체나 고체로 변화시켜 기액분리, 고액분리가 가능하도록 해야 합니다. 이러한 방법은 음료수를 제조하는 상수도에 있어서도, 초순수를 제조하는 전자 산업용수 처리에 있어서도 변하지 않습니다. 다만, 처리원리는 동일하더라도 실제로 오탁물질을 제거하게 되면, 거기에는 다양한 요인들이 관련되고, 완벽한 처리방법이 존재하지 않는 것도 사실입니다. 물은 간단한 수소와 산소의 원자로 구성되어 있지만, 그 성질을 과학적으로 규명하려고 하면 간단하게 되지 않습니다. 그래서 그 부분이 또한 수처리의 재미있는 부분이고 깊이가 있는 부분이기도 한 것입니다.

본 서는 이러한 수처리에 관한 다양한 방법을 이해하기 쉽게 소개하고 있습니다. 다만, 복잡한 원리나 장치를 한정된 지면으로 전달하는 것은 무리가 있고, 표현이 부족한 곳도 많이 있었습니다. 그래서 본 서는 수처리에 흥미가 있고, 지금부터 수처리를 배우려고 하는 사람들이 최초의 입문서로서 사용함과 동시에 일상적으로 아무렇게나 사용하고 있는 물을 다시 한 번 되돌아보는 기회로서 활용하여 주셨으면 하는 바람입니다.

(주)쿠리타공업

🜄 역자 서문

21세기는 물의 시대라고 불리고 있습니다. 지구상의 기후변동은 많은 지역을 건조화시켜 물 부족 현상을 일으키고 있습니다. 따라서, 인류는 생존을 위해 먼저 수자원 확보에 의존해야 하는 현실에 직면하고 있습니다.

우리들이 일상적으로 사용하고 있는 물은 해수나 빙하의 물을 포함한 지구상의 물의 0.01% 정도밖에 되지 않습니다. 그러나 물은 증발하여 10일 정도가 지나면 비가 되어 돌아옵니다. 물은 순환하고 있는 자원이기 때문에, 지속적으로 이용하는 것이 가능합니다. 비가 내리는 방법이나 증발량, 물의 사용량 등은 물을 사용하는 지역상황이나 사용장소에 따라 달라집니다. 물을 사용하기 위해서는 그 목적에 맞는 수질환경을 만들어야 합니다.

건조화가 진행되는 도중에 수자원을 확보하기 위해서는 물의 순환 이용이 필수적입니다. 그것도 도시의 하수처리수를 중수로 하여, 재이용하는 좁은 범위의 순환 재이용이 아니라, 산업용수와 그 폐수, 농업용수와 그 폐수, 그리고 생활용수와 그 폐수 등을 순환 재이용하는 것이 필요합니다. 이를 위해서는, 각종 폐수수질이나 이용 목적마다의 요구수질을 고려하여, 각각의 수처리기술을 조합하고, 최적의 순환 재이용 시스템을 구축하는 것이 필수적입니다.

이와 같은 배경 속에서 최근 새로운 수처리기술이 빠른 속도로 개발되어, 실제 시설에 도입되고 있습니다. 고도처리로서 도입된 활성탄 흡착기술, 막여과 기술, 오존처리기술, 슬러지처리기술 등이 그 대표적인 기술입니다.

본 서는 물 순환 시스템에 있어서의 물의 이용과 배출에 따른 처리기술뿐만 아니라 여 처리과정에서 분리한 성분의 회수·자원화에 대해 설명한 책입니다. 수처리 분야의 관계자, 전문기술자들은 물론, 수자원 문제에 흥미를 갖고 있는 초보자들도 가까이에 놓고 볼 수 있는 책이 되기를 바랍니다.

2012년 6월

고인준, 안창진, 원흥연, 박종호, 강태우, 박종문, 양민수

C·O·N·T·E·N·T·S

● 제3장 배수 중 오염물질의 물리적·화학적 처리기술

● 제6장 빠르고 깨끗하게 실현되는 새로운 수처리장치

제**1**장

수처리의 기초지식

1. 물은 끊임없이
지구를 순환하고 있다.

물은 우리들의 생활이나 산업에 없어서는 안 될 중요한 자원입니다.

전 세계적으로 물은 저렴한 비용으로 끊임없이 공급되고 있습니다. 이로 인해 우리는 깨끗한 물을 공급받는 것을 당연하게 여기고 있습니다. 하지만 물 부족으로 인해 어려움을 겪는 다른 건조지역을 보면, 우리가 원하는 물을 마음껏 공급받는 것이 얼마나 큰 축복인지 알게 될 것입니다.

계곡물이나 우물물을 사용하는 경우도 있지만, 일본인의 약 96%는 음료수를 비롯하여 목욕물이나 세탁 등의 물을 수도나 간이수도에 의존하고 있습니다.

2003년도 일본의 연간 수돗물 소비량은 155억 톤(m^3)이라는 엄청난 양에 이르고 있습니다. 다만 이렇게 다량으로 사용하더라도 물이 없어지는 일은 없습니다. 왜냐하면 인간이 사용한 물은 배출되어 자연계로 돌아가 순환하고, 지상에 내린 비가 하천에 모여 바다로 흘러가고, 태양열에서 증발하여 구름이 되고, 다시 비가 되는 물의 순환계로 구성되기 때문입니다.

물이 순환하는 사이에 일부는 지하수가 되고 다른 물은 단시간에 지표로 올라가고, 어떠한 물은 긴 세월을 거쳐 지구상에 나타납니다. 결국 물은 형태를 바꾸어 지구상의 어딘가에 계속 존재하는 것입니다.

꼭 필요한 물의 재이용기술

일본의 연간 강우량은 1,800mm로 선진국 중에서 많은 편에 속합니다. 그러나 강우가 지속되고 있을 때에 국토가 좁아지고 하천이 짧아지기 때문에 하늘에서 공급되는 물의 1/3은 순식간에 바다로 흘러들어가고 나머지 1/3은 증발해 버립니다. 결국 실제로 사용할 수 있는 물의 양은 전체 강우량의 1/3밖에 되지 않습니다. 그렇기 때문에, 수자원에 축복받고 있는 것처럼 생각되는 일본의 물사정은 사실상 그다지 윤택하다고는 말할 수 없습니다. 그래서 수돗물을 낭비하지 말아야 하며, 한 번 사용한 물이라도 안전한 상태로 전환하여 재이용할 필요가 있습니다. 그렇기 때문에 이 책에서 소개하는 고도의 수처리기술이 요구되고 있는 것입니다.

용어해설 간이수도 : 수도의 공급 중에서 급수인구 5,000명 이하의 수도사업을 말합니다.

형태를 바꾸어 지구를 순환하는 물

2. 하천의 자연정화 : 오염된 물을 자연의 힘으로 깨끗하게

앞에서 이야기한 것처럼 물은 그 형태를 바꾸면서 끊임없이 지구를 순환하고 있습니다. 자연에서는 해양, 하천의 표면뿐 아니라 동물, 식물의 호흡 등에서의 증발, 발산에 의해 대기 중에 수증기로 들어가고, 이들은 강우(비)에 의해 지표면에 떨어지게 됩니다. 그리고 그 물이 하천을 흐르고 지하로 이동하여 다시 물의 순환계로 돌아갑니다.

이와 같이 물의 순환과정 속에서 여러 가지 물질이 섞이거나 녹아들어가 오염이 됩니다. 그러나 자연계도 오염을 처리하는 능력을 갖추고 있습니다. 이것은 '자연정화'라고 불리는 현상입니다. 예를 들어 하천에 오염물이 유입하더라도 일정한 거리를 흘러가는 사이에 수질은 개선됩니다. 이 움직임을 다음의 3가지 작용으로 나눌 수 있습니다.

1. **물리적 작용** : 유입한 오탁물질은 우선 대량의 물에 의해 희석·확산되고, 물보다 무거운 것은 서서히 침전하여 수중의 농도가 내려갑니다.
2. **화학적 작용** : 산화·환원 등의 작용에 의해 오탁물질이 무해한 것으로 변화하거나, 응집·흡착 등의 작용에 의해 침전하기 쉽게 되어 수중에 녹아내기 어렵게 되기도 합니다.
3. **생물적 작용** : 오탁물질이 생물에 흡수·분해되는 작용을 말하는 것으로 유기물이 미생물에 의해 분해되는 것이 중심으로 이루어집니다. 또한 질소나 인이 조류나 수생식물에 의해 흡수되는 것도 자연정화의 일종이라 말할 수 있습니다.

물이 일정 이상 오염되면 자연정화가 필요하다.

하천에 유기물(오염물질)이 유입하면, 잠시 후에 이 유기물을 영양원으로 한 세균류가 번식합니다. 이때 유기물 양이 소량이라면 큰 문제는 없고, 일정 이하의 오염이라면 자연정화를 통해 물은 원래의 상태로 돌아옵니다. 다만, 어느 정도 이상의 오염이 있으면 그 하천은 이제 자연의 힘으로 수질을 개선하는 것이 곤란하게 되고 이 경우에는 인위적인 정화를 하지 않으면 안 되는 상황에 이르게 됩니다.

용어해설 **오염물질** : 수질오염의 원인이 되는 물질을 말합니다.

하천의 수질과 생물의 상관관계

깨끗한 강에 하수 등이 유입하면 오염되지만, 흘러가는 중에는 자연정화에 의해 수질을 회복합니다.

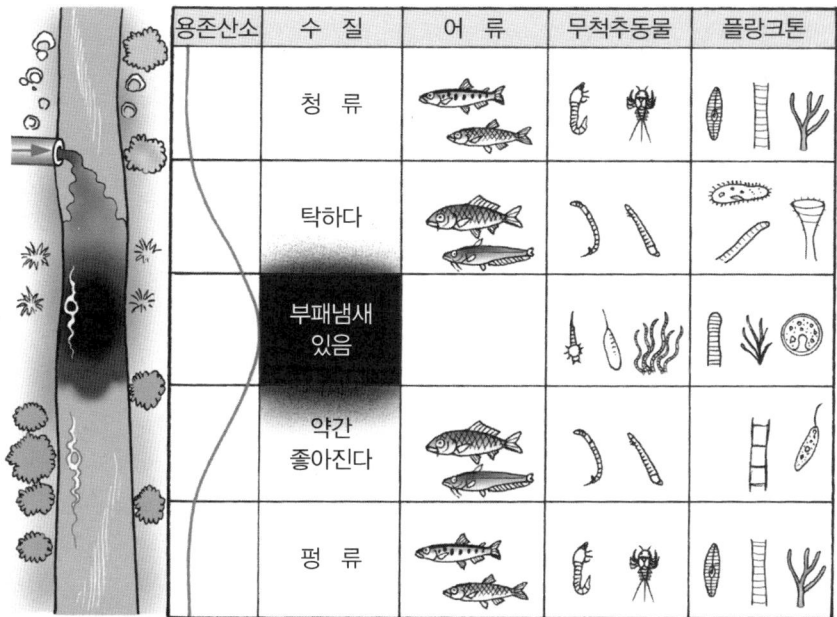

용존산소	수 질	어 류	무척추동물	플랑크톤
	청 류			
	탁하다			
	부패냄새 있음			
	약간 좋아진다			
	평 류			

하천의 수질 정화작용

하천의 수질정화에는 물리적 작용·화학적 작용·생물적 작용의 3가지 정화작용이 있습니다.

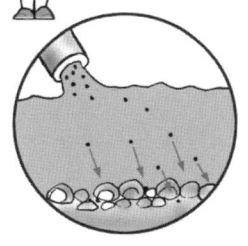

물리적 작용

물보다 무거운 것은 차례대로 침전합니다.

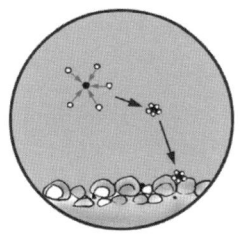

화학적 작용

산화·환원 등의 화학반응으로 오염물질은 무해한 것으로 변합니다.

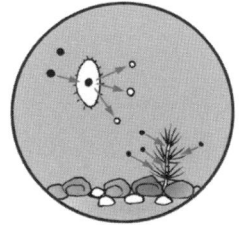

생물적 작용

오탁물질 중 유기물은 미생물에 의해 흡수·분해됩니다.

 Check Point
- 자연계에는 오염을 처리하는 자연정화라고 불리는 능력을 갖추고 있습니다.
- 어느 정도 이상의 오염이 있으면 자연정화는 불가능하게 되고, 인위적인 정화가 필요하게 됩니다.

3. 수돗물을 만들기 위한 물처리

우리들이 일상에서 사용하고 있는 물은 자연계를 순환하고 있는 물을 정수장에서 정화하여 각 가정에 보내도록 되어 있습니다. 이러한 시스템을 수도라고 합니다.

옛날에는 강의 물을 끌어오거나 우물을 파서 물을 끌어올렸습니다. 일본에서는 명치시대 이후 '풍부, 싼 가격, 안전'을 목표로 하여 정부 주도로 수도정비에 힘을 기울여, 2006년에는 전국의 약 96%의 가정에 수돗물이 공급되고 있습니다.

정수장을 운영하고 있는 것은 각 자치단체입니다. 그 취수원은 강의 표류수, 복류수와 지하수입니다. 댐의 물도 강의 물이라고 생각하여 복류수를 지하수의 분류에 넣는다면, 그 비율은 하천 70%, 지하수 26%, 기타 4%입니다. 그러나, 이러한 취수원의 수질이 해마다 악화되고 있어서 정수장에서는 고도의 물처리기술이 필요하게 되었습니다.

오염되지 않는 상류의 물이나 지하수를 수원으로 하던 때에는 정수장에서 염소에 의한 소독만 하였고, 또는 천천히 하는 모래여과(완속여과)와 소독의 조합으로 처리가 끝나버렸습니다. 그런데 택지개발이나 산림의 벌채, 산업발전에 따른 오염물질의 유입 등이 진행됨에 따라 유황산알미늄이나 폴리염화알미늄(PAC)이라는 응집제를 투입하여 오염물질을 응집, 침전시킨 후에 고속으로 모래여과(급속여과)하여 소독을 하는 조합이 많아졌고, 현재는 이 처리법이 일반적으로 사용되고 있습니다.

물의 색이나 냄새를 없애는 고도처리

다만, 이러한 처리를 하더라도 미미한 색이나 냄새를 완전히 제거할 수 없기 때문에, 오존산화나 활성탄흡착이라고 불리는 고도처리를 채용하는 정수시설도 증가하고 있습니다.

또한 음료수에 대해서는 수중의 유기물과 소독용 염소가 반응하여 발생하는 트리하르메탄의 발생을 방지하는 것이 중요하며 아직 많은 과제가 남아 있습니다.

용어해설 **트리하르메탄** : 3개의 할로겐원소(염소, 취소, 요소)가 메탄과 결합한 화합물입니다. 수중의 유기물이 염소와 반응하여 생성되어 발암성의 위험도가 높은 물질로 주목되고 있습니다.

정수장의 물처리 예

원수의 오염이 심각해지고 있는 현재, 양수장에서는 응집제를 투입하여 오염물질을 응집·침전시켜 제거하고 있습니다.

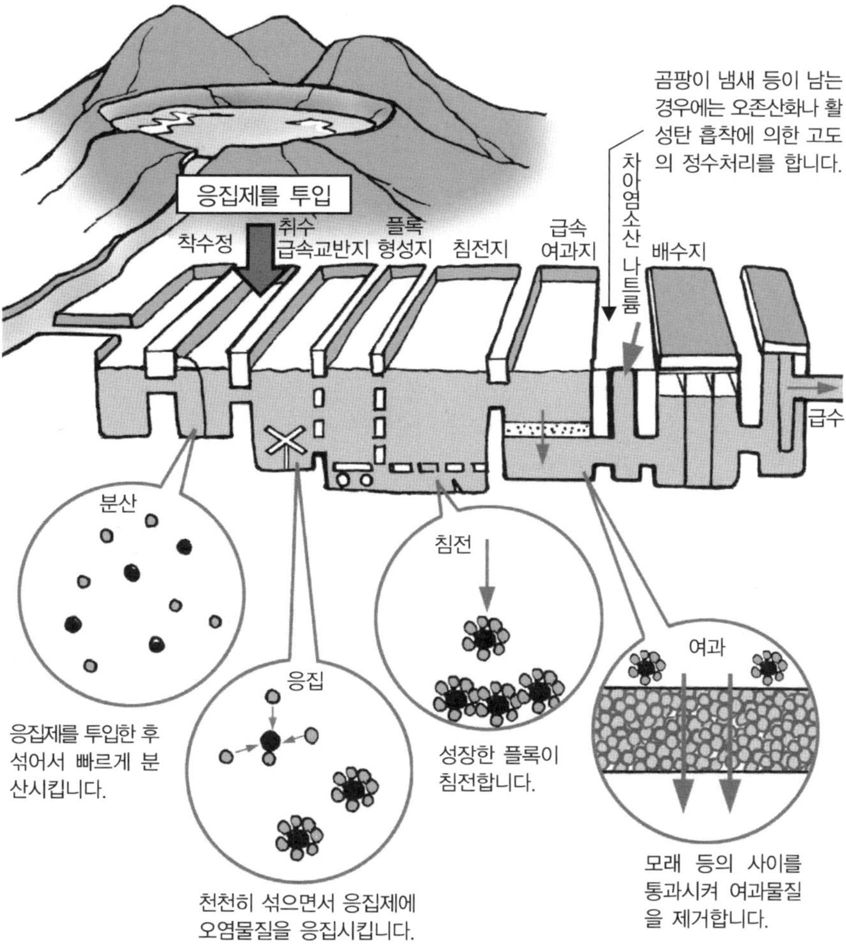

곰팡이 냄새 등이 남는 경우에는 오존산화나 활성탄 흡착에 의한 고도의 정수처리를 합니다.
응집제를 투입
착수정
취수
급속교반지
플록
형성지
침전지
급속
여과지
차아염소산 나트륨
배수지
급수
분산
응집제를 투입한 후 섞어서 빠르게 분산시킵니다.
응집
천천히 섞으면서 응집제에 오염물질을 응집시킵니다.
침전
성장한 플록이 침전합니다.
여과
모래 등의 사이를 통과시켜 여과물질을 제거합니다.

Check Point

- 자연계를 순환하고 있는 물을 정화하여 수돗물로 사용합니다.
- 취수원의 수질악화에 의해 정수장에서는 고도의 물처리기술이 필요해지고 있습니다.

4. 이상한 냄새를 없애주는 여러 가지 정수처리방법

일반적으로 물은 무색투명, 무미무취라고 알려져 있습니다. 그러나 천연수와 같은 물은 냄새도 나고 맛도 있습니다. 그러나 이들은 불쾌한 것은 아닙니다. 그런데 대량으로 물을 필요로 하는 대도시의 수돗물의 경우, 수원으로서 지하수를 이용하는 곳은 적고, 주요 수원을 댐이나 하천의 하류수역으로 하고 있는 정수장도 많아지고 있습니다. 그렇게 되면, 여러 가지 원인으로 수질이 나쁘게 된 물을 이용해야만 하고, 불쾌한 냄새도 늘어나게 됩니다. 원수에 포함되는 이취·미는 완속여과법으로 어느 정도 제거할 수 있지만, 일반적인 정수장에 설치되어 있는 급속여과법으로 제거하는 것은 어렵고 각각의 이취·미에 적합한 처리방법이 필요합니다.

이취·미의 발생원인에 따른 처리방법

이취·미의 발생원인으로는 플랑크톤이나 조류의 증식 외에 방선균에 의한 것이나 정수조에서 발생하는 생물반응물, 또한, 공장배수에서 혼입하는 유기용제나 페놀류, 아민류 등을 들 수 있습니다. 이러한 이취·미의 처리에는 물과 공기를 충분히 접촉시키는 공기포기(에어레이션)이나 염소처리, 분말 활성탄처리 그리고 오존처리나 생물처리가 있습니다.

이 중 공기포기는 황화수소 냄새를 탈취하는 데 효과가 있고 철에 기인하는 취기도 제거할 수 있지만, 다른 취기의 제거는 불가합니다.

또한 염소처리는 방향 냄새나 식물성 취기, 물고기 냄새, 황화수소 냄새, 부패 냄새의 제거에는 효과가 있지만, 조개 냄새의 제거효과는 기대할 수 없습니다. 더욱이 분말활성탄 처리는 방향 냄새, 식물성 취기, 물고기 냄새, 곰팡이 냄새, 흙 냄새, 약품처리 냄새 등 많은 취기에 대해 유효하지만 염소를 동시에 주입하면 활성탄의 흡착능력이 약해지게 됩니다.

현재 많은 정수장에서 채용되고 있는 것이 오존을 병용한 생물활성탄 처리입니다. 이 방법은 많은 종류의 이취·미에도 효과가 있음과 동시에 오존처리에 의해 생성된 다른 냄새도 제거할 수 있습니다.

> **용어해설** **방향족** : 분자 내에 벤젠환을 포함하는 유기화합물의 총칭입니다. 최초에 발견된 것이 방향을 가지고 있었기 때문에 이 명칭이 되었습니다.

오존을 병용한 생물활성탄 처리

응집제

착수정　　플록형성지　응집·침전지 급속여과지

염소 투입

급수

배수지　유도펌프

오존발생장치

원수 중의 이상한 냄새나 맛은 오존과 접촉시킨 후에 미생물을 흡수·분해하는 것으로 제거할 수 있습니다.

냄새성분

오존에 의해 생물이 분해하기 쉽게 됩니다.

미생물이 냄새성분을 흡수·분해합니다.

활성탄의 여과에 의해 분해된 냄새성분은 흡착·제거됩니다.

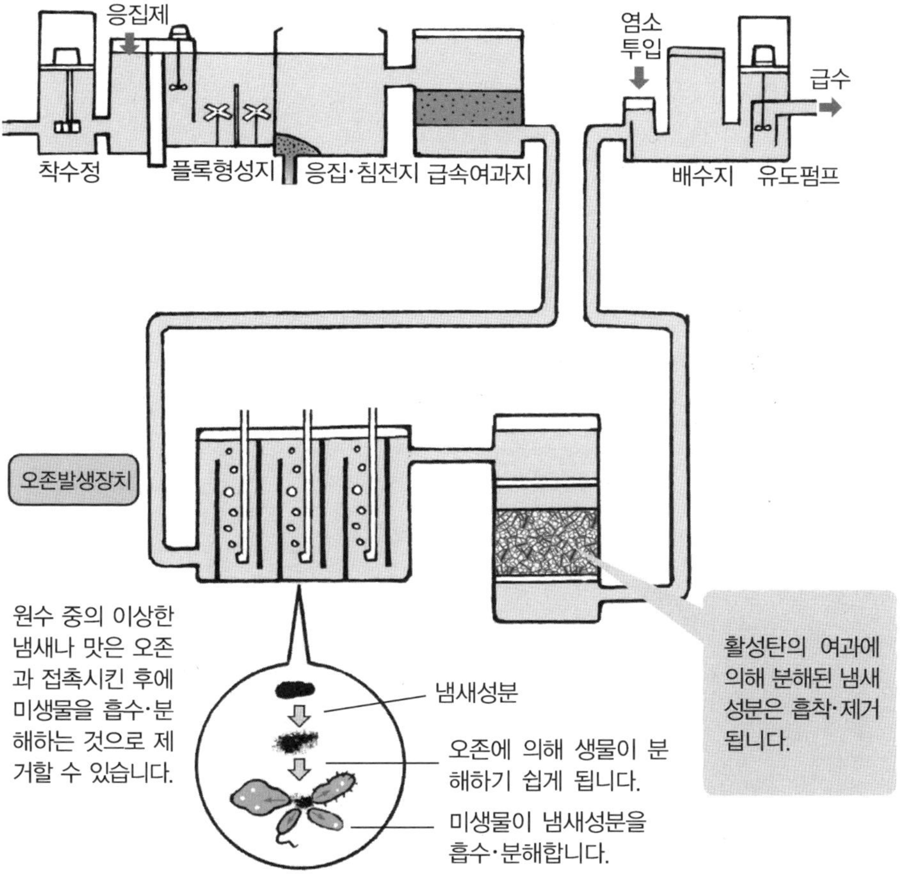

Check Point
- 수질이 나쁜 물을 이용하는 대도시 주변에서는 불쾌한 냄새를 없애는 처리가 이루어지고 있습니다.
- 대부분의 정수장에서 오존을 병용한 생물활성탄 처리가 이루어지고 있습니다.

5. 공중위생에 중요한 역할을 하고 있는 하수도

마시는 물 등 사용하기 위한 물을 운반하는 것은 상수도이며, 필요 없게 된 물을 운반하는 시스템은 하수도입니다. 하수도의 역할은 사회의 요구에 맞추어 변화하여 왔습니다.

유럽에서는 콜레라의 유행을 막기 위해 공중위생의 향상이라는 목적으로 19세기부터 근대적인 하수도가 건설되어 왔습니다. 다만 처리 등은 하지 않고, 우수나 오수를 시가지에서 멀리 버리는 것만을 하여 왔습니다.

일본에서도 명치시대에 우수배제와 공중위생의 향상이라는 관점에서 동경이나 요코하마 등 대도시에서 근대적인 하수도가 만들어지기 시작했습니다. 그리고 전쟁 후의 경제성장과 생활양식의 변화 결과, 강이나 바다의 수질오염 문제의 발생 등에 의해 1965년 공해대책 기본법이 제정되어, 배수규제와 함께 하수도 정비가 강이나 호수 등의 수질보전의 중요한 대책으로서 자리매김하였습니다.

일본 국토교통성의 통계에 의하면, 2004년도 말의 하수도 보급률은 68.1%였습니다. 다만 이 수치는 어디까지나 전국 평균으로 거의 100%가 보급된 대도시와 몇 십 %밖에 보급되지 않는 지방 등과는 큰 격차가 있습니다.

일본에서의 하수도의 역할은 크게 4가지로 집약됩니다.

① **쾌적한 생활환경을 만든다** : 화장실이 수세식화되면서, 재래식 화장실이 없어지고, 악취나 파리의 발생을 방지하고 쾌적한 생활환경을 조성할 수 있습니다. 또한 측구나 강에 오수가 유입되지 않으므로 거리가 청결해집니다.

② **침수피해를 막는다** : 우수를 빠르게 강이나 바다로 배제하는 것으로 침수를 막고, 안전한 거리를 만들 수 있습니다.

③ **강이나 바다를 깨끗하게 한다** : 강이나 바다를 더럽히고 있는 원인인 가정으로부터의 배수를 집중적으로 정화하는 것이 가능하게 되며, 강이나 바다가 깨끗해지게 됩니다.

④ **자원을 유효하게 활용한다** : 하수도에는 물이나 슬러지, 에너지 등 이용가능성이 많은 자원이 포함되어 있기 때문에 이들을 유효하게 이용함으로써 에너지 절약, 리사이클 사회를 실현할 수 있습니다.

> **용어해설** **공해대책기본법** : 일본에서 공해대책의 기본이 되는 사항이나 공해방지에 관한 책무 등을 정한 법률입니다. 1967년에 제정되었지만, 1993년의 환경기본법의 시행에 따라 폐지되었습니다.

하수처리의 개요

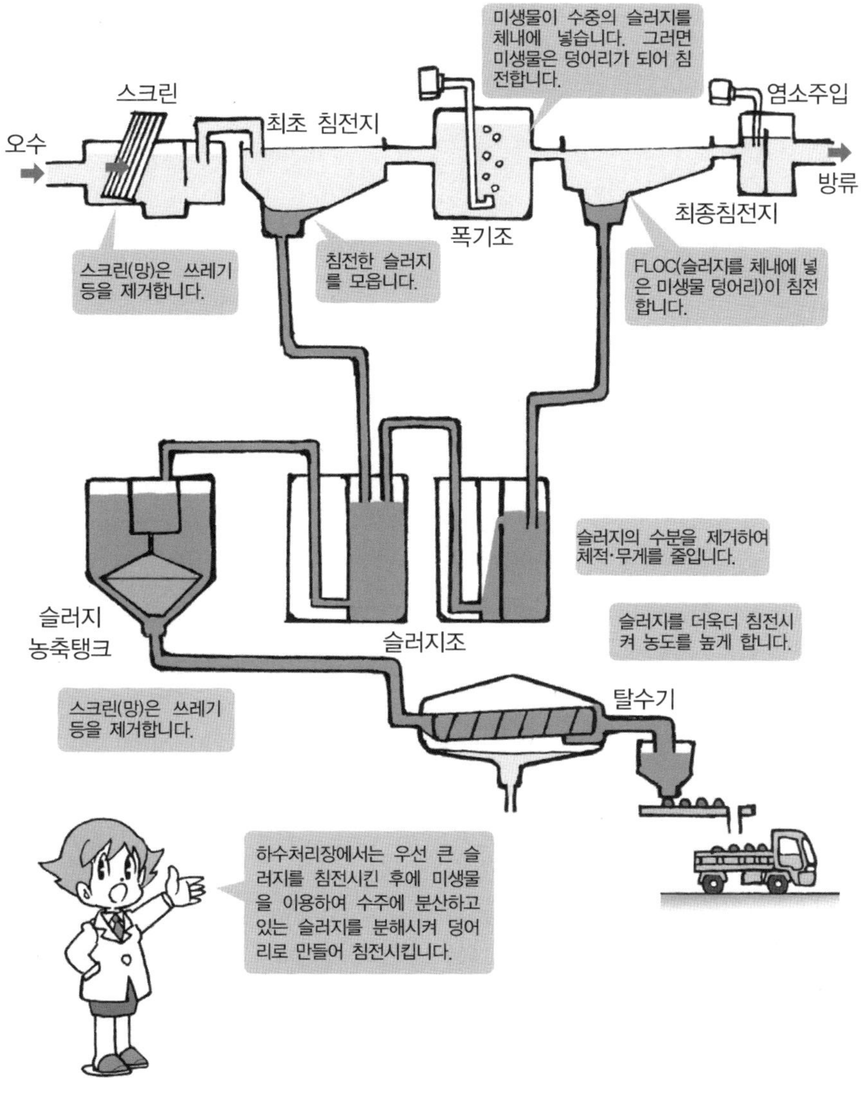

미생물이 수중의 슬러지를 체내에 넣습니다. 그러면 미생물은 덩어리가 되어 침전합니다.

스크린

최초 침전지

염소주입

오수

방류

폭기조

최종침전지

스크린(망)은 쓰레기 등을 제거합니다.

침전한 슬러지를 모읍니다.

FLOC(슬러지를 체내에 넣은 미생물 덩어리)이 침전합니다.

슬러지의 수분을 제거하여 체적·무게를 줄입니다.

슬러지 농축탱크

슬러지조

슬러지를 더욱더 침전시켜 농도를 높게 합니다.

스크린(망)은 쓰레기 등을 제거합니다.

탈수기

하수처리장에서는 우선 큰 슬러지를 침전시킨 후에 미생물을 이용하여 수주에 분산하고 있는 슬러지를 분해시켜 덩어리로 만들어 침전시킵니다.

Check Point
• 하수도의 역할은 쾌적한 생활환경을 만들어 침수피해를 막고, 강이나 바다를 깨끗하게 하여 자원을 유효하게 이용하는 것입니다.

6. 수처리기술의 키워드
- 용존산소(DO)

수처리기술에는 많은 전문용어들이 등장합니다. 다음에 이 책을 읽기 전 반드시 알아야 할 몇 개의 키워드(keyword)를 소개합니다. 첫 번째는 용존산소(Dissolved Oxygen : DO)입니다.

수중에 녹아 있는 산소를 DO로 부르며, 물 1L 안에 함유되는 산소의 중량(mg)으로 나타냅니다. 용존산소의 농도는 하천의 수질을 판단하는 중요한 지표입니다. 일반적으로 깨끗한 하천의 물에서는 DO값이 높고, 더러운 하천의 물에서는 DO값이 낮습니다.

수중에서 산소호흡을 하고 있는 어류 등 수산생물에는 일정량 이상의 용존산소가 필요합니다. 어류에 따라 허용 한계값은 다르지만, 평균적인 값으로서 적어도 여름철에 3.1~4.2mg/L, 겨울철에 1.4~3.1mg/L의 DO가 필요하다고 합니다.

또한 수중의 용존산소의 농도변화는 하천의 정화작용에도 영향을 미칩니다. DO값이 저하하면 산소를 필요로 하는 호기성미생물(108쪽 참조)의 활동이 활발하지 않게 되고 수역의 정화가 진척되지 않습니다.

그래서 DO값은 옛날부터 유기오염의 진동상태나 조류 등에 의한 광합성작용의 강도를 나타내는 지표로 이용되어 왔습니다.

배수처리에도 DO값은 중요

미생물에 의한 정화작용은 배수처리에도 응용됩니다. 여기에서도 DO값은 중요한 지표로 됩니다. 미생물이 배수 중의 유기물(처리대상물)을 먹어 분해하는 것으로 처리하는 이 방법에서는 그 활동에 산소가 필요한 미생물을 사용하는 호기성 생물처리와 산소가 없는 상태에서 활동하는 미생물을 사용하는 혐기성 생물처리의 2종류가 있고 이 구분은 DO값에 따르고 있습니다. DO값의 측정에는 몇 가지 측정방법이 있지만, 신속한 측정법이 가능한 산소전극에 의한 소형의 포터블 DO메타가 자연수계의 모니터로서 널리 이용되고 있습니다.

용어해설 **유기오염** : 유기물(BOD, COD로 나타낸 것)에 의해 물이 오염되는 것입니다.

DO의 측정방법

시약

용존산소

1리터의 물에 녹아 얻을 수 있는 산소의 양은 1013hPa·20℃에서 8mg(용량으로 나타내면 6ml 정도) 입니다.

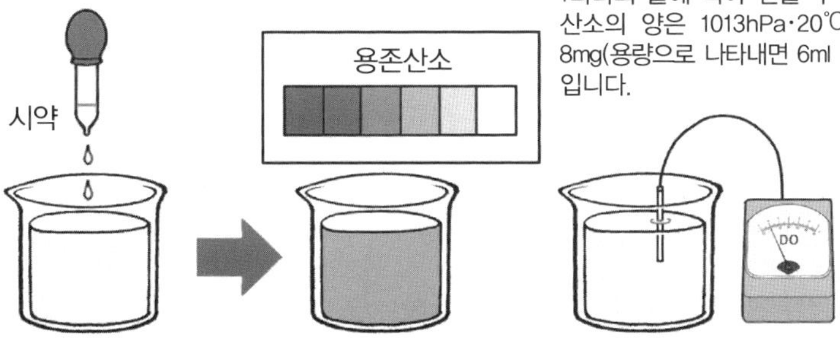

시약을 적정하게 넣어 색의 변화를 봅니다.

녹아 있는 산소량에 따라 색의 변화가 달라집니다.

DO메터

간단한 DO메터도 개발되어 있습니다.

오탁물질이 혼입하면 DO값이 내려간다

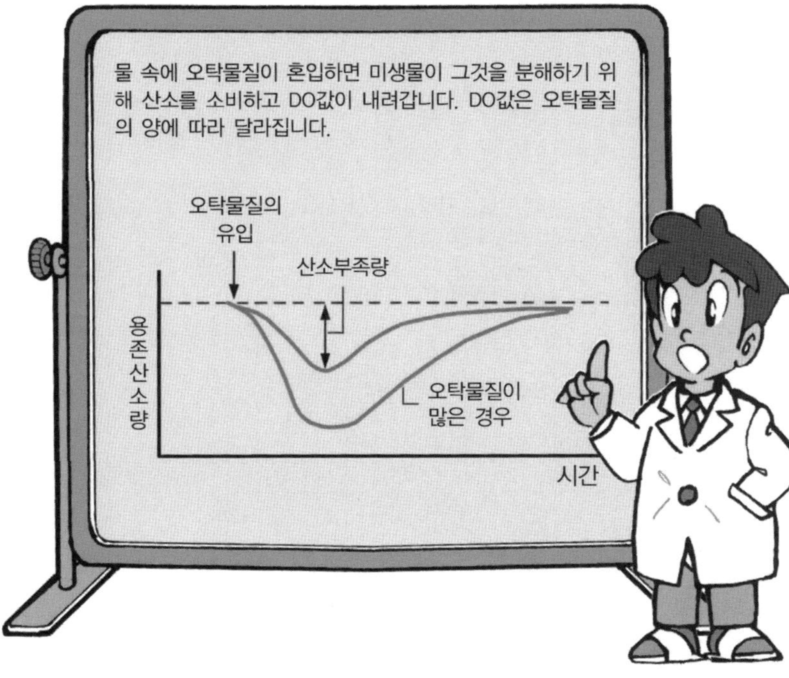

물 속에 오탁물질이 혼입하면 미생물이 그것을 분해하기 위해 산소를 소비하고 DO값이 내려갑니다. DO값은 오탁물질의 양에 따라 달라집니다.

오탁물질의 유입

산소부족량

용존산소량

오탁물질이 많은 경우

시간

Check Point

· 물 속에 녹아 있는 산소를 용존산소(DO)라 부르며, 물 1리터 안에 함유되는 산소의 양으로 나타냅니다.

· DO값이 저하하면 물의 정화가 진행되지 않게 됩니다.

7. 수처리기술의 키워드
- 생물화학적 산소요구량(BOD)

앞에서 소개한 호기성 미생물이 수중의 오염물질인 유기물질을 산화, 분해할 때에는 산소가 필요합니다. 생물화학적 산소요구량(Biochemical Oxygen Demand : BOD)는 그 산화, 분해작용을 위해 물 1L당 몇 mg의 산소가 필요한지를 수치로 나타낸 것입니다. BOD는 검사하는 물의 5일간의 산소요구량(BOD_5)으로 나타내는 것이 일반적입니다. 검사기간을 약간 길게 5일간으로 설정한 이유는 예를 들어 유기물이 탄수화물인 경우와 질소화합물인 경우 등에서는 산화, 분해반응의 진행속도가 다르지만, 5일이라면 거의 분해반응이 종료되고 있다고 간주하는 것이 가능하기 때문입니다.

즉 5일간이라고 하는 것은 영국의 템즈강의 물이 상류에서 하류까지 흐르기에 필요한 시간이라고 알려져 있습니다. 유기생물이 바다로 도달하기까지 자연정화에 어느 정도의 산소가 요구되고 있는지를 알려고 하는 관점에서, 영국에서 5일간의 BOD라는 지표가 처음으로 이용되어 이것이 차츰 세계적으로 보급되었다는 이야기가 있습니다.

BOD값에 영향을 미치는 물질

BOD값이 높으면 DO(용존산소)가 부족하게 됩니다. 온도에도 의존하지만, 평균적인 하천의 DO는 8mg/L 이하이기 때문에 BOD가 10mg/L 이상으로 되면 DO가 소비되어 버리고, 악취가 발생하거나 합니다. 또한, BOD는 미생물에 의해 산화, 분해되기 쉬운 유기물을 나타내고 있는 것으로 산화, 분해되기 어려운 물질은 측정값의 안에 들어가지 못합니다. 예를 들어 5일간 경과하여도 분해가 진행될 것 같은 유기물이 포함되는 경우는, 실제의 BOD는 BOD_5의 측정값보다 높아지게 됩니다. 또한 검사하는 물중에 미생물에 대해 독이 있는 물질이 포함되면, 미생물의 움직임(생물활성)이 나빠지고, 실제보다 낮은 값이 되기 때문에 주의가 필요합니다.

용어해설 **산화·분해** : 수중의 유기오염 물질은 미생물의 증식반응의 에너지원으로 이용되고(산화), 최종적으로는 탄산가스와 물로 산화·분해됩니다.

BOD의 측정방법

BOD(Biochemical Oxygen Demand)는 슬러지를 분해할 때에, 물 1리터당 몇 mg의 산소가 필요한지를 나타낸 것입니다.

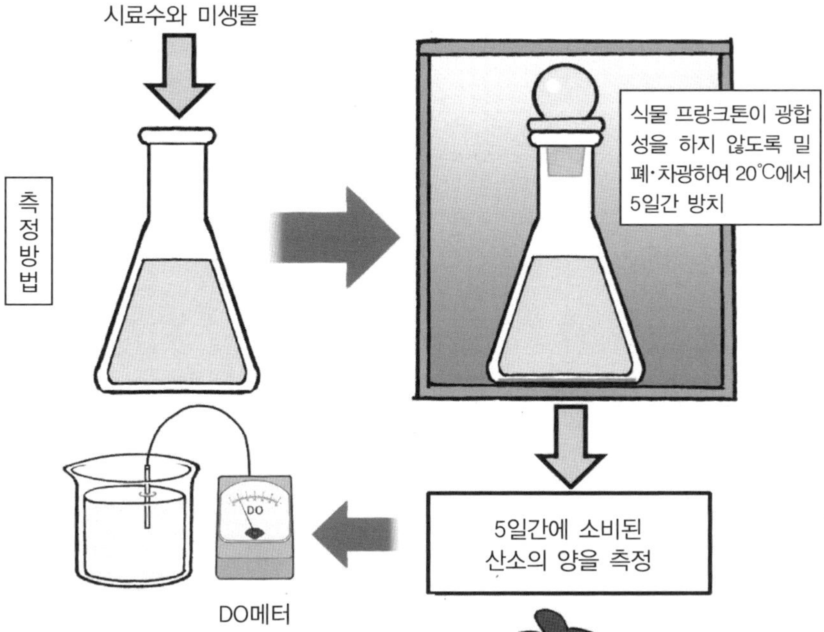

측정방법
시료수와 미생물
식물 프랑크톤이 광합성을 하지 않도록 밀폐·차광하여 20℃에서 5일간 방치
5일간에 소비된 산소의 양을 측정
DO
DO메터

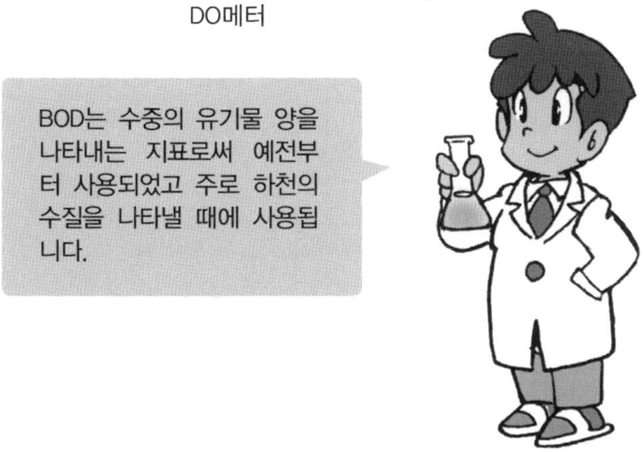

BOD는 수중의 유기물 양을 나타내는 지표로써 예전부터 사용되었고 주로 하천의 수질을 나타낼 때에 사용됩니다.

Check Point

- 수중의 유기물질을 분해할 때에 필요한 산소량을 나타낸 것이 생물화학적 산소 요구량(BOD)입니다.
- 오염물질이 많으면 BOD값은 크게 됩니다.

8. 수처리기술의 키워드
- 화학적 산소요구량(COD)

앞에서 소개한 BOD는 호기성 미생물이 수중의 오염물질인 유기물질을 산화, 분해할 때에 소비하는 용존산소 1의 양을 나타낸 것이었습니다. 이것에 대해 화학적 산소요구량(Chemical Oxygen Demand : COD)은 산화제를 사용하여 유기물질 및 무기물질을 산화, 분해할 때에 소비되는 산소량을 나타냅니다(단위 : mg/L).

COD는 호수나 해역에서의 유기물질에 의한 오염이나 배수중의 유기물이나 무기물에 의한 오염을 측정하는 대표적인 지표의 하나입니다. 오염되어 있지 않은 깨끗한 물일수록 COD의 값은 낮고, 오염된 물일수록 그 값은 높아집니다.

COD를 측정하는 산화제로서 과망간산칼륨과 중크롬산칼륨의 2가지가 있고, 각각 CODMn, CODCr으로 나타내어 구별합니다. 현재 일본에서는 배수규제의 값으로 주로 CODMn이 사용되고 있습니다.

측정방법에 따른 특징

COD와 BOD는 각각의 측정방법에 따라 특징이 있습니다.

OD와 BOD의 큰 차이점 중 하나는 COD는 측정에 산화제를 이용한다는 것입니다. 그러나 그 덕분에 BOD처럼 검사기간이 5일간도 필요 없고, 단시간에 충분히 측정할 수 있습니다.

BOD의 값에 영향을 미치는 물질과 COD의 값에 영향을 미치는 물질은 차이가 있습니다. 예를 들어, 미생물의 활성을 저하시키는 물질은 BOD에서는 측정이 어렵지만 COD에서는 측정이 가능한 경우가 있습니다.

또한, 초산과 같은 물질은 BOD에서는 측정할 수 있지만, COD에서는 검출할 수 없는 경우도 있습니다. 게다가, 앞에서 소개한 것처럼 BOD에서는 일부 무기물질의 존재가 측정을 방해합니다. 특히 해수를 분해하는 경우에 해수는 용해염의 양이 지극히 많고, BOD 측정 시 방해물질이 되어, 정밀도를 충분히 발휘할 수 없습니다. 이와 같은 경우에는 COD에 의한 시험방법이 편리합니다.

용어해설 **산화제 :** 다른 물질에 산화를 일으키는 물질입니다. 대표적인 약품으로는 수도의 살균제인 차아염소산나트륨이 있습니다. 산소도 산화작용을 하며, 산화제의 한 종류입니다.

COD의 측정방법

COD(Chemical Oxygen Demand)는 수중의 유기물을 산화제로 분해할 때에 소비되는 산소량을 나타낸 것입니다.

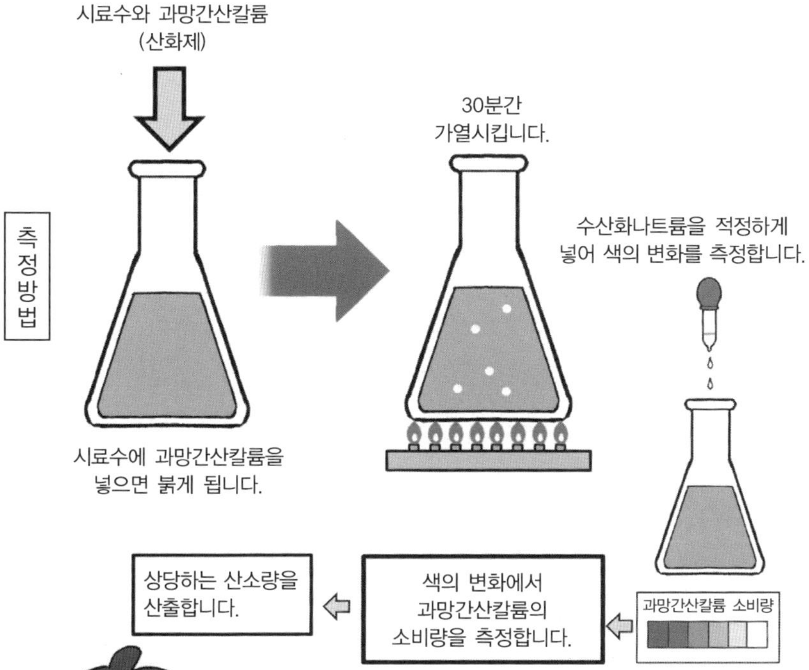

측정방법

시료수와 과망간산칼륨
(산화제)

시료수에 과망간산칼륨을 넣으면 붉게 됩니다.

30분간 가열시킵니다.

수산화나트륨을 적정하게 넣어 색의 변화를 측정합니다.

과망간산칼륨 소비량

색의 변화에서 과망간산칼륨의 소비량을 측정합니다.

상당하는 산소량을 산출합니다.

COD는 BOD보다도 산화력이 강하고, 측정시간이 짧은 특징이 있습니다. 또한 주로 호수나 늪의 수질검사에 이용됩니다.

Check Point
- 산화제가 유기물질이나 무기물질을 분해할 때에 소비되는 산소량을 나타낸 것이 화학적 요구량(COD)입니다.
- 오염물질이 많으면 COD값은 커지게 됩니다.

9. 수처리기술의 키워드
- 현탁물질(SS)

수중에 부유, 분산하는 입자의 크기가 1um(0.001mn)~100um의 물질을 현탁물질(Suspended Solid: SS) 혹은 부유물질이라고 합니다. 이 SS로 표시되는 지표는 물 1ℓ당 포함되는 현탁물질의 중량(mg)으로 측정합니다. SS값이 높을수록 물의 탁도와 오염도는 높아집니다. 또한 SS값이 높으면 어류의 아가미가 막히거나 빛의 공급량이 적어지고, 물고기나 김의 성장에 직접적인 피해를 주는 경우가 있습니다. SS의 측정방법에는 여과법과 원심분리법이 있습니다. 여과법은 여과지 위에 시료수를 부어 여과하고, 그 여과지를 105~110℃에서 약 2시간 건조시킵니다. 이후 자연상태로 식혀서 무게를 재어 수치(mg/ℓ)를 구합니다.

한편, 원심법은 여과가 곤란한 시료수에 이용되며, 원심분리기를 이용하여 회전수 약 2,000rpm으로 침전시켜 현탁물의 수치를 구합니다.

물의 흐림 정도를 나타내는 여러 지표

물의 흐림의 정도를 나타내는 지표로서 SS외에 탁도, 투시도, 투명도가 있습니다.

탁도는 물의 흐림의 정도를 나타내는 지표로서, 물 1ℓ 중에 카오린(점토) 1mg을 포함할 때의 흐림에 해당하는 것을 1도(카오린)로 하여 나타냅니다. 다만, 수중의 부유물질 성상, 예를 들어 색이나 입자지름에 의해 탁도와 SS는 반드시 일치하지 않습니다.

또한, 투시도는 물의 청정성을 나타내는 지표로 이용됩니다. 높이 약 32cm의 실린더 바닥부에 놓은 표식판의 2중 십자를 식별할 수 있는 물 양의 높이(cm)를 '도'로 나타낸 것입니다. 투명도는 호수나 해역의 청정을 나타내기 위한 지표이고, 직경 30cm의 백색원판을 가라앉혀 보이지 않게 된 깊이를 미터로 나타냅니다.

용어해설 **분산** : 물 안에 물질이 균일하게 분포되거나 용존하고 있는 상태를 말합니다.

SS의 측정방법

SS(Suspended Solid)는 수중에 존재하는 현탁물질을 말하며, 1리터의 물에 함유되는 중량으로 나타냅니다.

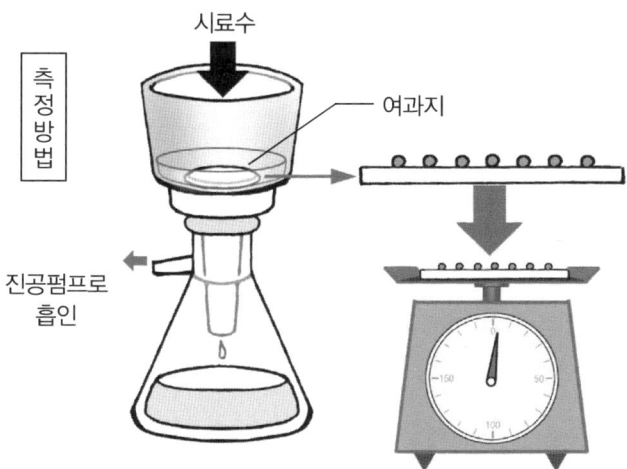

측정방법

시료수

여과지

진공펌프로 흡인

여과한 후 필터를 105~110℃로 건조시킨 후, 무게를 측정합니다.

SS는 수중에 함유되는 현탁물질이기 때문에, 그 양이 클수록 오염도는 증가합니다.

Check Point
- 현탁물질(SS)의 값이 클수록 물은 흐리고, 오염이 많이 된 것입니다.
- 물의 흐림 정도를 나타내는 지표에는 탁도, 투시도, 투명도 등이 있습니다.

10. 산화·환원 반응의 기본적인 의미

수처리에 있어서 크롬이나 시안 등을 제거하기 위하여 산화·환원반응이 사용됩니다. 이 산화·환원반응을 여기서 간단히 소개합니다.

일반적으로 산화라 함은 산소에 의해 일어나는 물질의 반응을 말합니다. 예를 들어 C(탄소)와 O_2(산소)가 반응하여 CO_2(이산화탄소)가 생기는 반응 등이 여기에 해당됩니다. 또한 유기물질을 소각하면 CO_2와 H_2O(물)이 생기는데 이 반응도 산화반응입니다.

호기성 미생물이 활동하여 탄수화물을 CO_2와 H_2O로 분해하는 경우도 역시 산화라고 합니다. 이와 같이 산화는 자연계에 있어서 유기화학적인 것에 한정하지 않고 무기화학적으로도 여러 가지 형태로 발생하고 있습니다.

산소 혹은 수소전자의 왕래가 산화·환원 반응

산화반응은 일반적으로 자연적인 것이 많고, 산화와 역의 반응을 환원이라고 하며, 양자를 일체화하여 산화·환원반응이라고 말합니다.

산화·환원반응이 진행하고 있는 경우, 한쪽에는 반드시 산화되는 물질(피산화물)이 있고, 다른 한쪽에는 환원되는 물질이 존재합니다. 대표적인 산화제로 O_2를 들 수 있습니다. 다만 산소 이외에도 산화제는 있고, 또한 산화제가 없더라도 산화·환원반응은 진행됩니다.

산화·환원반응은 크게 다음의 2가지로 나눌 수 있습니다.

① O_2, Cl_2, Br_2 등의 산화제가 한쪽에 있고, 다른 쪽에 H_2나 금속 등의 환원성 물질이 있어 일어나는 반응(염소소독이나 과망산칼륨에 의한 산화 등에 의한 산화반응).

② 어느 물질이 소유하고 있는 전자를 잃어버리는 일(산화)과 다른 물질이 그 전자를 받아들이는 일(환원)을 넓은 의미의 산화·환원으로 정의할 수 있습니다.

또한 산화·환원반응의 모습은 pH계나 ORP계에 의해 감시됩니다. 이들은 측정하는 대상이 다르고, 양자는 수중의 수소이온 농도를 측정하지만, 후자는 산화·환원에 관계하는 모든 이온을 대상으로 합니다.

용어해설 **가역적** : 화학반응이 한쪽 방향이 아니라 역방향의 반응도 있는 상태를 말합니다. 예를 들어 산화된 것이 환원되어 원래의 물질로 되돌아갈 수 있습니다.

산화·환원의 측정법

수처리에서는 여러 가지 물질을 제거하기 위해 산화제나 환원제를 투입함으로써 산화·환원 반응을 일으킵니다.

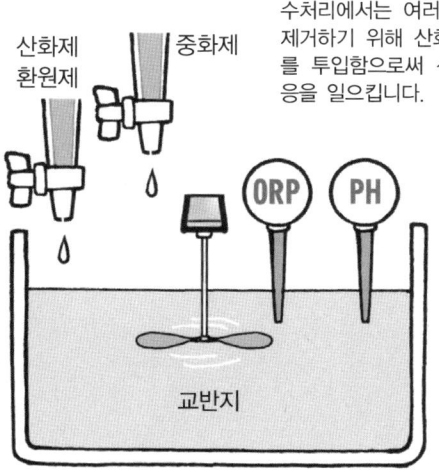

수처리설비 중에서 일어나는 산화·환원 반응은 ORP계나 pH계로 감시합니다.

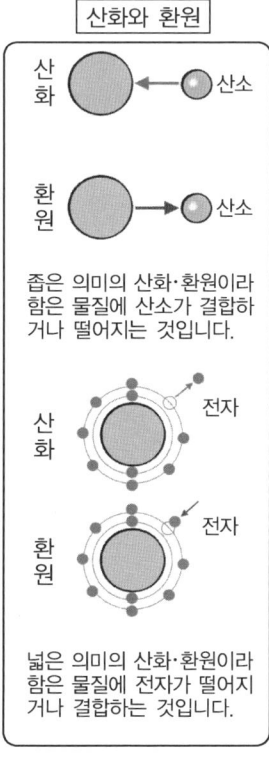

산화와 환원

좁은 의미의 산화·환원이라 함은 물질에 산소가 결합하거나 떨어지는 것입니다.

넓은 의미의 산화·환원이라 함은 물질에 전자가 떨어지거나 결합하는 것입니다.

ORP계

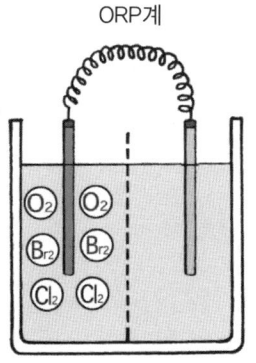

ORP계는 수중의 모든 이온에 의한 전압을 측정합니다.

pH계

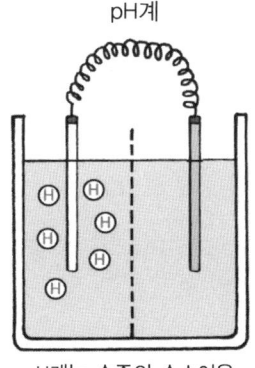

pH계는 수중의 수소이온 농도를 측정합니다.

pH계와 ORP계의 차이

	pH계	ORP계
측정 대상	수소 이온	산화·환원에 관계하는 모든 이온
표시 단위	농도 지정	전압 (mV)

 Check Point
- 산화라 함은 산소에 의해 일어나는 물질의 반응을 말합니다.
- 전자의 받음(환원), 건넴(산화)도 산화·환원 반응이라고 합니다.

11. 수처리에서 사용되는 단위

수처리 분야에서는 극히 미량의 화학물질도 문제가 되기 때문에 일상생활에서는 잘 쓰이지 않는 단위가 사용됩니다. 여기에서는 수처리에 대해 필요한 농도와 중량을 나타내는 단위에 대해 소개합니다.

자주 사용하는 대표적인 단위로서 ppm이나 ppb가 있습니다. 이들은 양을 나타내는 단위가 아니라 농도를 나타내는 단위입니다. 잘 알려져 있는 %라는 단위는 정확하게 ppc, 즉 part per cent의 의미로 100분의 1을 나타냅니다. 이것과 동일하게 ppm이나 ppb는 각각 part per million, part per billion을 간략화한 것입니다. million은 100만, billion은 10억을 의미하기 때문에 ppm은 100만 분의 1, ppb는 10억 분의 1을 나타내는 단위입니다. 최근에는 분석기술이 진보하여 1조 분의 1의 농도 ppt(part per trillion)로 존재하고 있는 물질도 확인이 가능하게 되었습니다.

측정단위의 변화

다만, 수처리에 대해서는 단위 중량당의 물에 불순물이 얼마나 포함되어 있는가 보다는 단위 용적량의 물을 기본으로 생각하는 경우가 많습니다. 때문에 물의 비중이 1인 경우에만 ppm과 mg/L의 수치가 일치하며, 비중이 1이 아닌 경우에는 약간의 차이가 발생합니다. 그래서 관용적으로 사용되던 ppm은 서서히 사라지고, 현재는 mg/L로 바뀌고 있습니다.

한편 대기의 측정단위에는 변함없이 ppm이 이용되고 있습니다. 예를 들어 $1m^3$의 대기중에 200㎖의 탄산가스가 존재하면 $1m^3$은 100만㎖이기 때문에 200ppm (200㎖ ÷100만㎖)이 됩니다.

또한, 중량의 단위도 다음과 같이 표현됩니다.

1mg(밀리그램) : 1000분의 1g

1㎍(마이크로그램) : 100만 분의 1g(1톤 적재 소형 트럭에 대해 1g)

1ng(나노그램) : 10억 분의 1g(10톤 적재 대형 트럭 100대에 대해 1g)

1pg(피코그램) : 1조 분의 1g(10만톤 적재 대형 탱크 10기에 대해 1g)

용어해설 비중 : 어느 물질의 단위체적의 질량과 표준물질의 단위체적의 질량과의 비, 통상 4℃의 물을 표준물질로 정하고 있습니다.

수처리에서 사용되는 단위와 용어

용어	명칭	관용어	의미
ppm(mg/L)	피피엠	백만분의 1	Part per million(10의 6승분의 1)
ppb(μg/ℓ)	피피비	10억분의 1	Part per billion(10의 9승분의 1)
ppt(ng/ℓ)	피피티	1조분의 1	Part per trillion(10의 12승분의 1)
RO	알오	역삼투막	압력을 가하여 하는 삼투현상의 역조작
스파이럴형 RO		스파이럴형 역삼투막	망 형상으로 성형된 스페이서를 끼워 김밥형상으로 제작된 역삼투막
MF막	엠에프막	정밀여과막	0.1~20μm의 미립자나 세균을 여과제거하는 막
UF막	유에프막	한외여과막	0.002~0.05μm 정도의 입자를 분리제거하는 막
이온 교환수지		IR, 수지	이온교환을 하기 위해 교환기를 가지는 입자형상 수지
음이온 교환수지		어니온 수지	음이온을 교환할 수 있는 수지
양이온 교환수지		카치온 수지	양이온을 교환할 수 있는 수지
전기전도율 (mS/m)		전도율	용액중에 존재하는 이온이 전기를 옮기는 양으로, 단위면적당의 전기저항의 역수
비저항(MΩ·cm)	미그옴 센티미터	저항률	전기의 흐름과 분리의 지표
미립자			입자현상이 미세한 것
TOC	티오시	전유기 탄소	수중에 용해하고 있는 탄소화합물 중 유기계 화합물 중의 산소의 총량

수처리에서 자주 사용되는
단위와 용어입니다.

Check Point
- ppm이나 ppb는 농도를 나타내는 단위입니다.
- ppm은 현재 mg/L로 바꾸어 사용되고 있습니다.

물과 지구

　물의 혹성이라고 불리는 지구, 여기에 존재하는 물은 약 14억 km³라고 합니다. 그중 97.5%는 해수이고, 담수는 2.5%, 즉 3,500만km³밖에 되지 않습니다. 해수는 음료수나 생활용수에도 적합하지 않기 때문에 지구상의 약 60억 명의 인간은 겨우 2.5%의 물에 의존하여 생활하고 있는 것입니다. 이렇게 말하더라도 3,500만km³나 있지 않은가 하고 생각하는 사람도 있겠지요. 그런데 실제의 담수는 수증기나 지하 깊이 존재하는 복류수, 지하수, 혹은 남극이나 북극의 얼음이나 눈 등 대부분 사용 불가능한 상태로 존재하고 있습니다. 결국 우리들이 직접 사용할 수 있는 물은 전체의 0.0001%에 지나지 않습니다. 물이 원인이 되어 전쟁이 일어나는 일도 종종 발생합니다. 귀중한 물을 중요하게 사용하고 평등하게 나누어 사용하는 세계가 되었으면 합니다.

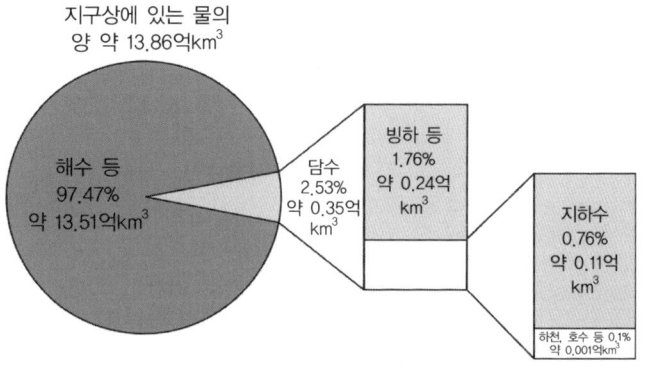

제2장

공업용수를 만들기
위한 처리방법

1. 공업용수는 전처리가 필요하다

오늘날 공장의 제조활동에 사용되고 있는 공업용수는 주로 공업용수와 하천수, 지하수(우물물)에 의해 공급되고 있습니다.

공업용 수도의 물은 상수도와 같이 정수장에서 처리되지 않기 때문에 탁질을 포함하고 있습니다. 하천수도 마찬가지입니다. 또한 우물물은 철이나 망간을 포함하고 있어, 물이 공기와 접촉하면 산화하여 $Fe(OH)_3$이나 $Mn(OH)_3$ 등의 수산화물이 석출하여 탁질로 되어 버립니다. 그래서 그대로 공업용수로 사용할 수 없습니다.

작은 입자는 응집반응으로 플록화한다

공업용수는 순수제조 전에 탁질을 제거하기 위하여 '전처리'를 실시하고 있습니다. 이 전처리는 마실 수 있는 수돗물을 만드는 정수장의 처리와 동일한 몇 개의 시스템을 조합하고 있습니다.

이 경우 모래여과기는 $5\mu m$ 이상의 입자를 제거 대상으로 하고 있기 때문에 원수 중에 현탁하고 있는 $5\mu m$ 이하의 미세입자는 전처리로써 응집여과나 가압부상 분리를 하여 제거합니다.

약품처리를 하는 응집반응조에서는 $5\mu m$ 이하의 미립자 $1\mu m$ 이하의 클로이드 물질을 수산화알미늄으로 응집시킵니다. 수중에 존재하는 입자는 마이너스에, 수산화알미늄은 플러스에 하전(荷電)하고 있기 때문에 양자가 혼합되면 하전중화(荷電中和)가 일어나 응집플록이라 불리는 '덩어리'가 형성됩니다. 응집반응 후, 침전·부상·여과 등의 분리조작이 이루어집니다. 또한, 가압부상 장치에서는 물에 압력을 가하여 공기를 용해시킨 후 대기압으로 개방, 감압하는 것으로 대량의 미세기포를 발생시킵니다. 그 기포는 응집한 입자나 클로이드 물질을 부착시켜 현탁 물질을 부상, 분리시켜 분리수는 여과처리가 이루어집니다.

어떠한 전처리를 채용할지 여부는 원수의 현탁 물질 농도에 의해 결정되지만, 대략 다음 페이지에 있는 공정을 채용합니다.

용어해설 **클로이드 물질** : 굉장히 미세한 고체, 또는 거대분자이고 광학현미경에서는 보이지 않으며 통상의 여과지를 통과하는 미세한 물질입니다.

공업용수의 전처리와 여러 가지 장치조합

(1) 공업용수 → 수조 → 모래여과 → 활성탄탑
(2) 공업용수 → 수조 → 응집반응조 → 모래여과 → 활성탄탑
(3) 공업용수 → 수조 → 응집반응조 → 가압부상장치 → 2층여과기 → 활성탄탑

전처리에 사용되는 주요장치

여과기

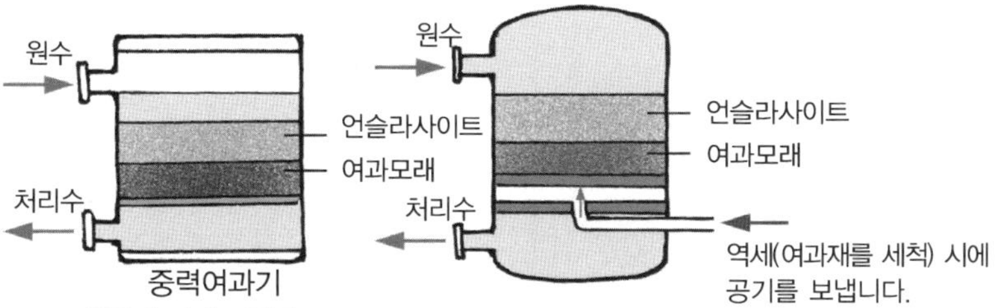

원수

언슬라사이트
여과모래

처리수

중력여과기
중력에 의해 자연적으로
여과합니다.

원수

언슬라사이트
여과모래

처리수

역세(여과재를 세척) 시에
공기를 보냅니다.

압력여과기
가압하여 고속으로
여과합니다.

응집반응조

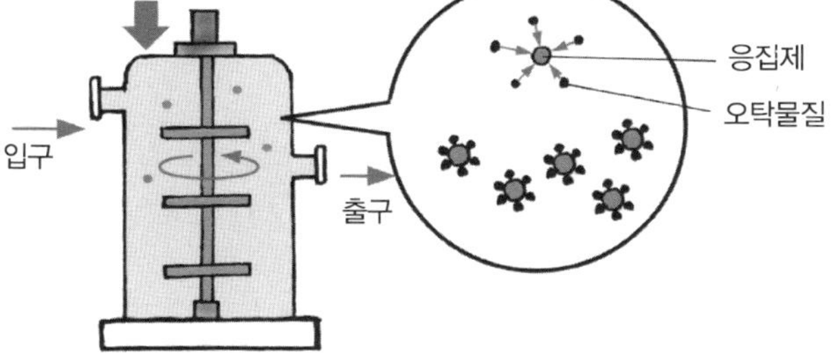

응집제

입구

출구

응집제
오탁물질

가압부상조

미세한 기포에 오탁물질
을 부착시켜 제거하는 장
치입니다.

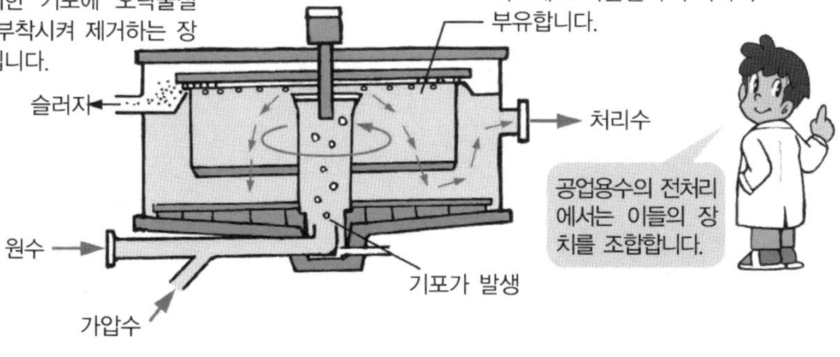

슬러지

원수

가압수

기포에 오탁물질이 부착하여
부유합니다.

처리수

기포가 발생

공업용수의 전처리
에서는 이들의 장
치를 조합합니다.

Check Point
- 탁질을 제거하기 위해 순수제조 전에는 전처리를 합니다.
- 전처리의 방법은 원수의 현탁물질 농도에 의해 결정됩니다.

2. 모래여과로 제거할 수 없는 것은 '막'으로 제거한다.

　일반적으로 전처리로 여과함은 모래여과 혹은 모래와 언슬라사이트를 사용한 2층 여과를 가리킵니다. 이러한 여과를 통해서도 제거할 수 없는 미세한 것이 있습니다. 이들이 혼입한 채로 공장의 제조공정에 사용되면, 여러 가지 문제의 발생원인이 됩니다. 모래여과에서는 제거할 수 없는 아주 작은 탁질을 제거하기 위해 개발된 것이 '막'입니다.

　'막'의 역할은 막을 통하여 선택적인 물질 이동을 하게 하는 것입니다. 이 물질 이동에는 막의 구멍의 크기로 체가름 하는 작용과 막의 띠전 등의 전기적인 힘이나 반발력을 이용하여 체가름 하는 작용 등이 있습니다. 수처리에 이용되는 것은 대부분이 '체 가름 작용'입니다.

여러 가지 '막'을 사용한 여과법의 특징

　물의 여과는 구멍의 크기에 따라 다음과 같이 나눌 수 있습니다.

　정밀여과(Microfiltration : MF)　: 유기막과 무기막

　한외여과(Ultrafiltration : UF)　　: 유기막

　역삼투(Reverse Osmosis : RO) : 유기막

　막 분리법의 특징과 분리대상물은 다음 페이지에 나타냅니다. 정밀여과법은 현탁 물질이나 세균, 초미립자 등, 대개 1~10µm의 물질의 통과를 막아내고, 한외여과법에서는 단백질이나 산소, 세균류나 바이러스 등 1~100nm의 물질의 통과를 막아냅니다. 역삼투법에서는 무기염이나 당류, 아미노산이나 BOD, COD 성분이 있는 저분자나 이온 등을 포함하는 용액을 분리 농축할 수 있습니다. 실제 수처리에 있어서는 이러한 각종의 막을 목적에 따라 효율적으로 조합하여 사용합니다.

　다음 페이지부터는 어떠한 막이 어떠한 형태로 이용되는지 소개하겠습니다.

용어해설 **안트라사이트** : 원래 탄화가 진행한 석탄석, 휘발성 물질이나 불순물이 적기 때문에 잘게 분쇄하여 입자를 만들면 여과재로서 사용할 수 있습니다.

막의 종류와 용도

수중에 존재하는 물질의 크기에 따라 여러 가지 막이 이용되고 있습니다.

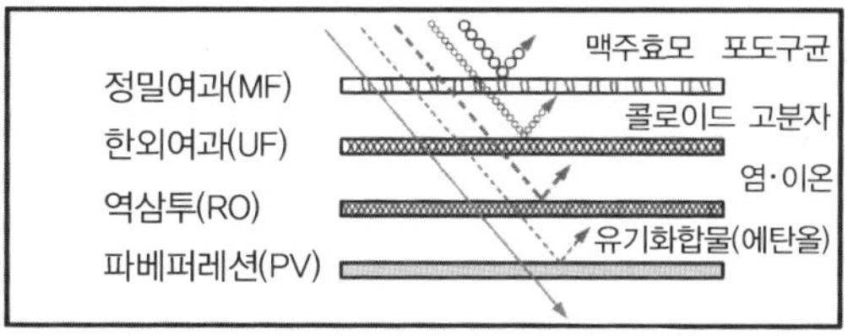

정밀여과(MF)
한외여과(UF)
역삼투(RO)
파베퍼레이션(PV)

맥주효모 포도구균
콜로이드 고분자
염·이온
유기화합물(에탄올)

분리막의 위치

크기	1Å 2	5	10Å 20	50	100Å 200	500 1000Å	2000 5000 1μm	2	5.5 10μm
분리대상	H_2(2,3) Cl^+ O_2(2,9) OH^- CO_3(3,1) H^+ H_2O(3,4) Ca^{++}		알부민		각종바이러스	콜로이드 실리카	기름에멀젼 라덱스	대장균	포도구균

막분리법

정밀여과(MF)

한외여과(UF)

역삼투(RO)

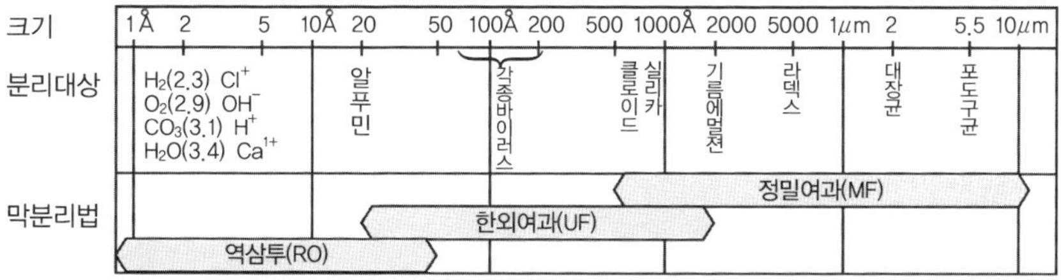

막분리의 대표적인 방법

막의 종류	막의 기능	분리의 주 구동력	분리의 대상 예
정밀 여과막	용액의 정밀여과 미세입자의 저지	압력차	현탁물질·세균·초미립자
한외 여과막	용액중의 콜로이드 물질, 고분자 물질의 분해	압력차	단백질·효소·에멀젼·세균류·바이러스·초미립자
역 삼투막	용액중의 염류, 저분자 물질의 분해	압력차	무기염·당류·아미노산·BOD·COD 성분
투석막	용액중의 염류, 저분자 물질의 분해	농도차	무기염·요소·요산·당류·아미노산
전기 투석막	용액중의 이온물질의 분해	전위차	무기·유기이온
투과 기화막	용액중의 저분자물질, 용매끼리의 분리	압력차 농도차	무기염·알콜 수용액
기체 분리막	기체끼리의 분리, 기체와 증기의 분리	압력차 농도차	H_2, CO_2, N_2, O_2, CH_4, H_2O, 공기와 유기증기
신 기능막	하전(荷電)용질의 특이적 분리효소 고정막(바이오 리액터)장래는 생체 모델막 등	압력차 농도차	색소·아미노산·효소 분해반응 리액터

Check Point
- 모래여과에서는 제거할 수 없는 미세한 물질은 막으로 제거합니다.
- 여과에 사용하는 막에는 MF막, UF막, RO막 등이 있습니다.

3. 폭넓은 분야에서 사용되는 MF막

여러 가지 막을 이용한 여과에서 MF막은 여과장치(여과 엘리멘트)에 직접 물을 통과하여 여과하는 스크린방식으로 사용되고 있습니다. 이 경우 여과를 연속해서 하게 되면 여과 엘리멘트의 막 면에 탁질입자가 막히게 되고 막의 급수 측과 처리수 측의 사이에 압력손실이 상승합니다. 이 압력손실이 어느 기준에 도달하면 새로운 막으로 교환하든지 혹은 처리수 측에서 역세하여 퇴적한 탁질입자를 불어서 날리고, 막 면을 원래로 되돌려서 재사용할 필요가 있습니다.

MF막은 구멍의 지름이 0.1~10μm로 비교적 넓습니다. 또한 형상도 평막가공, 관형상, 직경 0.5~2mm의 중공사 형상의 것 등으로 다양하며, 그 특징에 따라 다양하게 사용되고 있습니다.

가정용 정수기에도 사용되고 있다

우리 주변에서 볼 수 있는 MF막의 이용 예로는 가정의 수도에 부착하여 수도관에서 발생한 녹 등을 제거하는 가정용 정수장치가 있습니다. 또한 지진이나 수해 등의 재해 시에 사용하는 긴급 여과기 안에 사용되고 있습니다. 이 긴급용 여과기를 사용하면 하천이나 연못, 호수의 물을 여과하여 음료수를 확보하는 것이 가능합니다.

또한 공업용수의 전처리 여과 외에도 초순수 제조나 의료용수 제조의 최종 여과기로써 사용되고 있습니다. 최근에 이온교환 순수장치의 대체기술로 이용되기 시작한 역삼투막 탈염장치(RO 장치)는 탁질이 들어오게 되면, 바로 막힘이 발생하므로, 이것을 씻어내는 역세를 반복하지 않으면 안 됩니다. 그래서 RO 장치의 막힘을 방지하기 위한 보안 필터로서 카트리지형의 MF막이 반드시 설치되는 등 MF막은 여러 분야에서 광범위하게 사용되고 있습니다.

용어해설 **압력손실** : 유체가 배관 내에서 마찰 등으로 잃어버리는 에너지입니다.

MF막의 시스템과 용도

막은 초순수 제조장치의 마지막에 사용됩니다.

초순수 제조장치

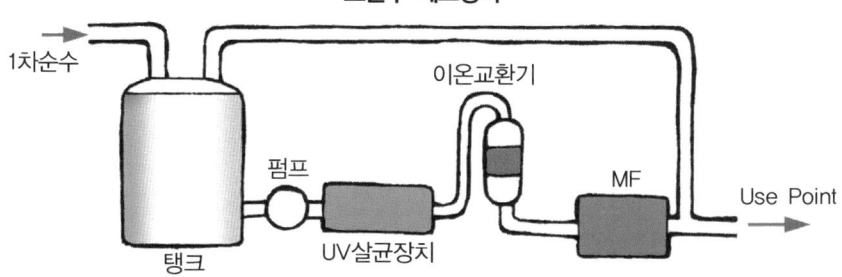

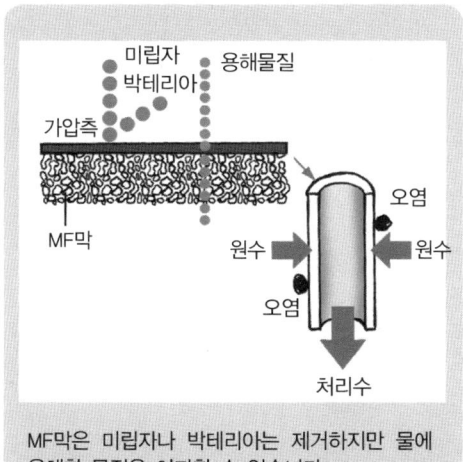

MF막은 미립자나 박테리아는 제거하지만 물에 용해한 물질은 여과할 수 없습니다.

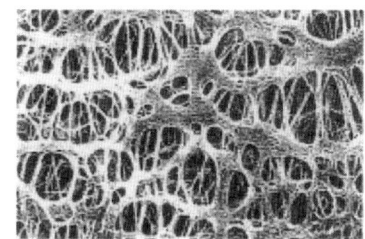

MF막은 가정용 정수기 등에도 이용되고 있습니다.

4. 바이러스를 제거하는 UF막

MF막보다 미세한 구멍을 지닌 것이 UF막입니다. 이 UF막을 수처리에 이용하게 된 것은 1960년 이후입니다. 당초의 막 소재는 셀룰로오스였지만 현재는 폴리아크릴로니트릴이나 폴리셀로판 등 여러 가지 합성소재가 사용되고 있습니다. 수처리에서 UF막의 처리 대상은 분자량 5000~30만 정도의 고분자 성분(단백질, 폴리에틸렌 글리콜 등)이나 입자지름 1~100nm의 바이러스, 에멀전 등입니다.

이와 같이 UF막은 MF막과는 명확히 레벨차가 있고, 굉장히 작은 것도 제거하는 능력이 있습니다. 또한 사용하는 막이 90% 이상 분리·제거할 수 있는 분자의 가장 작은 분자량을 그 막의 분획분자량(cut off molecular weight)이라고 하며, 막의 성능표시로써 이용하고 있습니다.

UF막에 의한 수처리의 특징

여과의 물을 흘러 보내는 방식도 모래여과나 일부의 MF막에서 이용되고 있는 여과면(막면)에 수직으로 물을 흐르게 하는 전량 여과방식과는 다르고, 여과면에 대해 평행하게 흐르게 하는 십자 흐름(cross flow) 방식이 채용됩니다.

UF막의 형상은 합성고분자 제품의 MF막과 동일하고, 평막, 관형상막, 중공사막, 평막에 김밥형상으로 감은 스파이럴형도 있으며, 그 용도에 따라 구분하고 있습니다.

UF막은 클로이드 형상 물질이나 고분자 성분을 포함하는 물에 펌프압력 0.1~0.5MPa를 걸어 여과하는 방식이 일반적입니다. 클로이드 형상 미립자나 고분자 유기물을 포함하는 물의 경우 어느 정도 여과를 진행하면 막면에 이들의 물질이 누적한 층(겔층)이 생기고, 막면을 막아 버립니다. 이렇게 되면 여과 유량이 감소합니다. 그래서 세정을 할 수 없는 평막, 관형상막, 스파이럴형 등의 구조를 가지고 있는 것 중에서는 이 겔층을 줄이는 것이 UF막 사용의 포인트가 됩니다.

용어해설 에멀전 : 액체 중에 다른 성분의 액체입자가 클로이드 입자 혹은 이것보다 큰 입자로써 분산하여 달걀 형상을 한 것입니다. 기름과 물을 혼합하여 흔들면 일시적으로 에멀전이 됩니다.

UF막의 시스템과 용도

보다 순수하고 좋은 물을 만드는 경우에 초순수 제조장치 중에 UF막을 설치합니다.

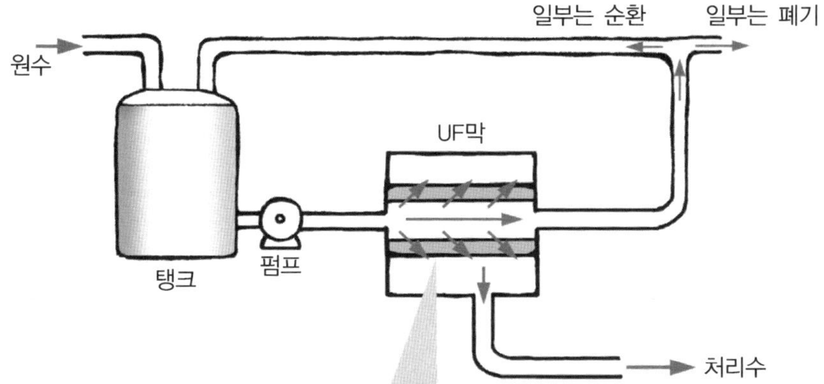

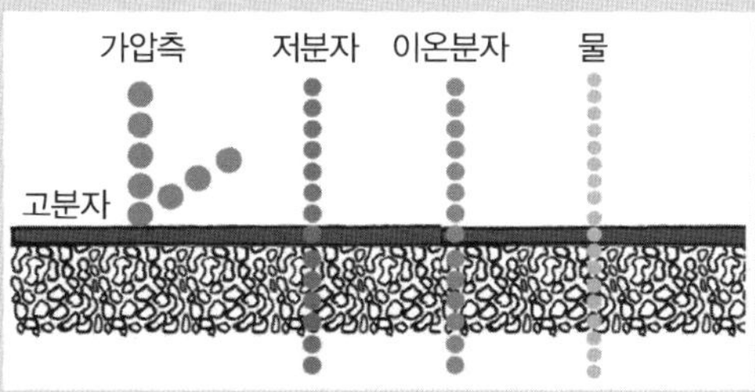

원수 → 탱크 → 펌프 → UF막 → 일부는 순환 / 일부는 폐기 / 처리수

UF막은 MF막보다 훨씬 더 작은 물질을 여과하지만, 이온 등은 투과를 합니다.

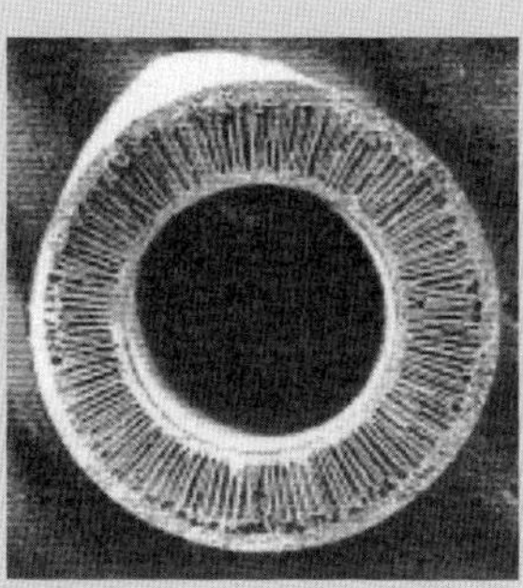

가압측 · 저분자 · 이온분자 · 물 · 고분자

막의 형상에는 관형상막이나 중공사막, 스파이럴막 등 몇 가지 타입이 있습니다(사진은 중공사막).

Check Point
- UF막은 MF막보다도 미세한 구멍을 가집니다.
- UF막은 펌프로 압력을 걸어 여과합니다.

5. 역삼투 현상을 응용한 RO막

역삼투막(RO막)을 설명하기 전에 우선 투명막 이야기를 하겠습니다. 유리나 금속 혹은 플라스틱 등 액체를 넣는 용기를 사용하지 않았던 시대, 유럽에서는 돼지나 양의 방광이 용기로 이용되었습니다. 그리고 그 용기에 와인이나 염수를 넣고 수중에 방치하면 용기 내의 액량이 늘어나는 것이 당시부터 알려져 있습니다. 이것이 과학적으로 조사되고, 반투막으로써 설명이 된 것은 19세기 말입니다.

와인이나 염수의 액체량이 증가하는 것은 용기 내의 액체와 주위의 액체와의 농도가 다르기 때문에 약한 쪽에서 진한 쪽으로 물이 막을 통과하여 이동한 결과에 의한 것입니다.

초순수제조에도 사용되는 RO막

투명 막을 끼워 염수와 진짜 물을 넣어 놓으면 진짜 물이 염수 측에 막을 끼워 이동하고 양 사이드에서 수위차(삼투압)가 생깁니다. 그런데 염수 측에 이 삼투압 이상의 압력을 걸면 이번에는 염수 측에서 진짜 물 측으로 물이 이동하는 역삼투 현상이 생깁니다. 이 기능을 물 처리에 응용한 것이 역 삼투막이고, 최초로 실용화한 것은 1950년 이후의 미국이었습니다.

이 역 삼투막을 안정한 고분자막으로 만들어진 것이 RO막입니다. 최초로 실용화된 RO막은 초산셀룰로오스로 만들어진 것이었지만, 현재는 폴러아미드계 복합막을 이용하여, 압력 0.75~1.5Mpa로 운전하는 형태가 주류로 되어 있습니다. 이전에는 해수나 간수를 탈염하여 담수로 하는 것이 주된 것이었지만, 초순수 제조시스템, 배수회수 분야로 그 용도를 확대하여 왔습니다. RO막의 구멍은 전자현미경으로도 볼 수 없는 레벨이고, 비다공 막으로 불리고 있습니다. 다만 구멍이라고 하기보다는 막을 구성하고 있는 고분자의 틈새를 물이 통과한다고 생각하는 쪽이 올바르겠지요. 사용되는 막의 형식은 스파이럴형이나 중공사막 형식이 실용화되어 있습니다.

용어해설 **비다공 막 :** 기체분자나 무기이온 등의 저분자의 물질이 투과할 수 있는 가는 구멍 지름(몇 nm 이하)을 가진 막입니다.

삼투압이 발생하는 시스템

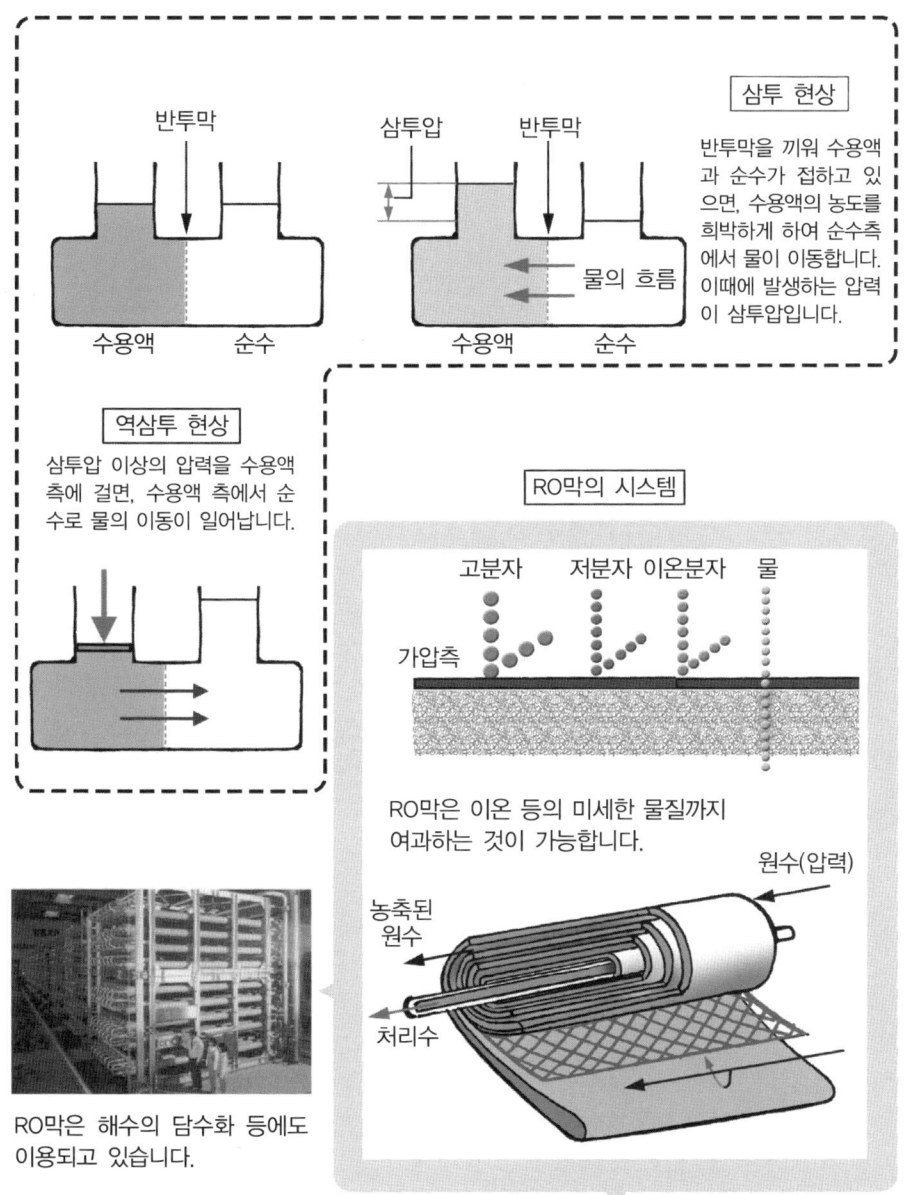

반투막

삼투압 **반투막**

삼투 현상

반투막을 끼워 수용액과 순수가 접하고 있으면, 수용액의 농도를 희박하게 하여 순수측에서 물이 이동합니다. 이때에 발생하는 압력이 삼투압입니다.

물의 흐름

수용액 순수

수용액 순수

역삼투 현상

삼투압 이상의 압력을 수용액 측에 걸면, 수용액 측에서 순수로 물의 이동이 일어납니다.

RO막의 시스템

고분자 저분자 이온분자 물

가압측

RO막은 이온 등의 미세한 물질까지 여과하는 것이 가능합니다.

원수(압력)

농축된 원수

처리수

RO막은 해수의 담수화 등에도 이용되고 있습니다.

RO막은 봉지형상의 스파이럴형으로 이용됩니다.

Check Point
- 역삼투현상을 수처리에 응용한 역삼투막이 RO입니다.
- 해수를 처리하는 것 이외에 초순수 제조시스템 등에도 이용되고 있습니다.

6. 수중의 이온과 자신의 이온을 교환하는 이온교환 수지

순수제조의 이야기로 들어가겠습니다. 그때에 이온교환의 지식이 필요하게 되므로 여기에서 설명하겠습니다. 어느 물질이 녹아 있는 경우 그 물질을 구성하는 원자가 1개 또는 몇 개의 전자를 잃을지(플러스의 전하), 혹은 1개 또는 몇 개의 전자를 얻을지 모르는 (마이너스의 전하) 상태로 되어 있습니다. 이러한 전하를 가진 원자를 이온(양이온·음이온)이라고 하며, 예를 들어 식염(NaCl)은 Na^+와 Cl^-로 나뉘어져 있습니다.

연수나 순수의 제조에서는 이러한 수중의 이온을 제거할 필요가 있습니다. 그때에 이용되는 것이 자신들이 가지는 이온을 수중에 내고 대신에 수중에 존재하는 다른 혹은 같은 부호의 이온과 교환하는 성질을 지닌 이온교환체입니다. 이 이온교환체를 불용성, 다공성의 합성수지로 만든 것을 이온교환 수지라고 합니다.

이온교환의 화학식은 이렇게 되어 있다.

대표적인 이온교환수지인 강산성 카치온 교환수지가 수중에서 어떻게 이온을 보충하는지 그 반응식을 나타내면 다음과 같습니다.

강산성 양이온 교환수지의 반응

$R\text{-}SO_3 \cdot H + NaCl \rightarrow R\text{-}SO_3 \cdot Na + HCl$ ······ 통수

$R\text{-}SO_3 \cdot Na + $ 농도 두꺼운 $HCl \rightarrow R\text{-}SO_3 \cdot H + NaCl$ ······ 재생

강산성 양이온 교환수지의 강산성이라 함은 원수 중의 이온을 강산성의 것으로 교환하는 교환수지이고, 양이온이라 함은 양이온을 보충하는 수지를 나타냅니다. 또한 위의 식에 나타난 R은 수지를 의미하고, 이 경우의 그 수지에는 $SO_3 \cdot H$가 처음부터 붙어 있습니다. 원수 중의 NaCl은 Na^+와 Cl^-의 각각의 이온으로 분리되어 있습니다. 이 상태에서 수지에 접촉하면, Na^+가 수지 중의 H^+와 치환하여 결과적으로 강산성의 HCl로 배출되고 원수 중의 NaCl은 제거됩니다.

용어해설 **음이온·양이온** : 수중에 녹아 원자나 분자가 전하를 가지고 있는 상태로, 음이온(어니온이온), 양이온(카치온이온)이 있습니다.

이온교환 수지의 종류와 하는 일

이온교환 수지에는 양이온 교환수지와 음이온 교환수지의 2종류가 있습니다.

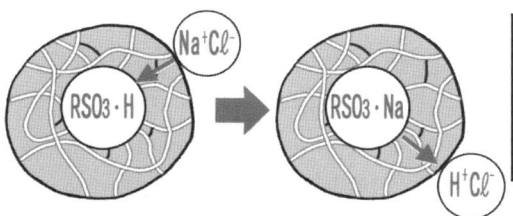

종류	교환기
양이온 교환수지	스르혼 산기 $-SO_3^-$
강산성 양이온 교환수지	카르본 산기 $-COO^-$
약산성 양이온 교환수지	
음이온 교환수지	4급 암노늄기 $-NR_3^+$
강염기성 음이온 교환수지	1~3급 아미노기
약염기성 음이온 교환수지	$-NH_2$, $-NHR$, $-NR_2$

물속의 양이온(Na^+)가 이온교환수지의 H^+와 치환하고, Cl^-는
H^+와 결합하여 HCl로 되어 제거됩니다.

이온 교환수지에는 겔 형상과
다공성 형상이 있습니다.

- 강산성 양이온 교환수지의 반응(통수·재생)
  $R-SO_3 \cdot H + NaCl \rightarrow R-SO_3 \cdot Na + HCl$
  .... 통수
  $R-SO_3 \cdot Na + 농도 두꺼운 HCl \rightarrow R-SO3 \cdot H + NaCl$
  .... 재생
- 약산성 양이온 교환수지의 반응(통수·재생)
  $2R-COO \cdot H + Ca(HCO_3)_2 \rightarrow (R-COO)_2 \cdot Ca + 2CO_2 + 2H_2O$
  .... 통수
  $(R-COO)_3 \cdot Ca + 농도 두꺼운 HCl \rightarrow 2R-COO \cdot H + CaCl_2$
  .... 재생
- 강염기성 음이온 교환수지의 반응(통수·재생)
  $R-N \cdot OH + NaCl \rightarrow R-N \cdot Cl + NaOH$
  .... 통수
  $R-N \cdot Cl + 농도 두꺼운 NaOH \rightarrow R-N \cdot OH + NaCl$
  .... 재생
- 약염기성 음이온 교환수지의 반응(통수·재생)
  $R-NH_3 \cdot OH + NaCl \rightarrow R-NH_3 \cdot Cl + NaOH$
  .... 통수
  $R-NH_3 \cdot Cl + 농도 두꺼운 NaOH \rightarrow R-NH_3 \cdot OH + NaCl$
  .... 재생

겔 형상

다공성

대표적인 4개의 이온교환수지의 반응.
'통수'는 물을 처리할 때의 반응이고, '재생'은 처리하여 끝난
수지를 원래로 되돌릴 때의 반응입니다.

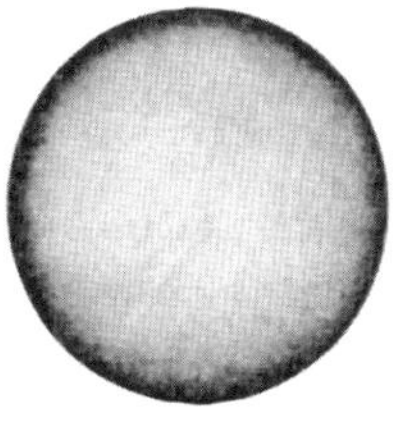

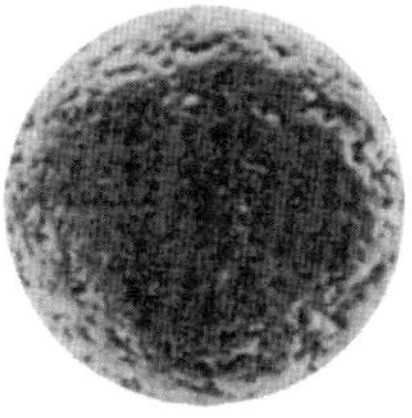

 Check Point
- 자신이 가지는 이온과 물속의 이온을 교환하는 것이 이온 교환체입니다.
- 이온 교환수지에는 음이온과 치환하는 어니온형과 양이온과 치환하는 양이온형
  이 있습니다.

7. 이온교환체나 RO막을 통해 할 수 있는 순수

우물물이나 수돗물 등은 이른바 순수한 물이 아니라 여러 가지 불순물이 포함되어 있습니다. 특히 칼슘이온이나 마그네슘 이온은 양적으로도 많이 존재합니다. 이온교환수지나 RO막을 이용하여 이들의 이온을 제거한 물을 순수라 부릅니다. 순수의 전기전도율은 일반적으로는 $0.5 \sim 10 \mu s/cm$ 이하입니다.

물은 화학기호로는 H_2O로 표시되고, H_2O 안의 물은 전기가 통하지 않지만 $NaCl$이나 $Ca(HCO_3)_2$, 실리카(SiO_2) 등의 불순물이 녹아 있는 물은 전기가 통합니다. 이렇듯 전기가 통하기 쉬운 정도를 나타낸 것이 전기전도율이라고 합니다. $0.5\mu S/cm$라 함은 불순물의 대부분이 $NaCl$로 하면 약 $0.2mg$의 $NaCl$이 물 1ℓ에 녹아 있는 상태, $10\mu S/cm$라 함은 $2mg$의 $NaCl$이 물에 녹아 있는 상태가 됩니다.

산업발전에 빠질 수 없는 존재, 순수

일본의 고도성장은 순수 없이는 불가능하였다고 보아도 과언이 아닙니다.

순수는 발전용의 보일러수, 석유화학공업에 있어서의 증기, 반응을 시키는 매체로써의 높은 기능, 그리고 물을 용해시키는 능력, 고순도 순수의 존재가 산업발전에 공헌하고 있습니다. 그래서 순수제조에는 고도의 수처리기술이 집약되어 있는 것입니다.

또한 보일러 용수로서 사용한 경우 실리카는 물이 증발할 때에 보일러의 벽면에 고형물로써 부착, 색출하기 때문에 그 양이 규제되어 있습니다. 즉 물 속에 포함되는 칼슘, 마그네슘의 양을 경도라고 부르고 있습니다. 경도에는 독일경도(dH)와 미국경도(ppm)가 있고, 미국경도는 물 1ℓ 안에 포함하는 칼슘과 마그네슘의 양을 탄산칼슘($CaCO_3$)의 농도로 치환한 중량(mg)으로 나타냅니다. 한편 독일경도는 물 100ml 안에 산화칼슘(CaO)의 중량(mg)으로 치환한 것입니다.

용어해설 $\mu s/cm$: 전기전도율의 단위이고, 전기저항의 역수, 수치가 클수록 전기가 통하기 쉽고, 용해하고 있는 이온의 양이 많은 것을 의미합니다.

자연수와 순수의 수질 비교

	공업용수	우물	수돗물	순수
전기전도율 (μs/cm)	50~500	50~500	50~500	0.1~10
미립자 (개/mℓ)		수천 개~	수천 개~	수천 개~
생균 (개/mℓ)		수천 개~	수천 개~	수천 개~
TOC (mg/ℓ)	1~15	1~15	1~15	1~15
SiO₂ (mg/ℓ)	10~70	10~70	10~70	1 이하
탁도 (도)	10~15	10~10	2 이하	1 이하

> 자연수에 비해, 순수는 전기전도율이나 실리카의 용해도가 낮아져서는 안 됩니다.

Check Point
- 수중의 칼슘이온이나 마그네슘이온을 이온 교환수지나 RO막으로 제거한 물을 '순수'라고 부릅니다.
- 고도성장기에는 순수가 필수적인 설비입니다.

8. 순수제조 장치의 시스템

이온교환수지 순수장치는 양이온 교환수지와 음이온 교환수지를 조합하여 원수 중의 양이온인 카치온(Na^+, ca^{2+}, Mg^{2+}, NH^{4+}, K^+)과 음이온인 어니온(cl^-, So_4^{2-}, HCO_3^-, PO_3^{4-}, SiO_2)을 제거합니다.

순수의 제조에는 양이온 교환수지와 음이온 교환수지를 각각 별도의 독립한 탑에 충전하고 그 탑을 연결하여 원수를 흐르게 하는 방법(다상탑 방식)과 카치온 교환수지와 어니온 교환수지를 균일하게 혼합하여 1개의 탑에 충진하는 방식(혼상탑 방식)의 두 가지가 사용되고 있습니다. 이 중 다상탑 방식은 H탑, 탈탄산탑, OH탑으로 구성되어 있습니다(2상3탑 방식의 경우).

2상3탑 방식의 반응구조

2상3탑 방식의 반응구조는 아래와 같습니다.

① H탑에서의 반응

강산성 카치온인 R-SO$_3$·H의 H가 수중의 Na^+, Ca^{2+}, Mg^{2+} 등과 교체되어 제거됩니다.

② 탈탄산탑에서의 반응

H탑의 처리로 이온 교환수지에서는 H^+가 분리하기 때문에 처리수는 산성이 됩니다. 그렇게 되면 어니온 중의 HCO_3^-는 $HCO_3^- + H^+ \rightarrow H_2CO_3$로 변화하고, 여기에 공기를 불어 넣는 것에 의해 $H_2CO_3 \rightarrow H_2O + CO_2$로 되고, CO_2(이산화탄소)는 수중에서 대기 중으로 대부분이 방출됩니다. 결과적으로 음이온 수지의 사용량을 저감할 수 있습니다.

③ OH탑에서의 반응

약염기성 음이온 교환수지와 강염기성 음이온 교환수지가 별도의 상(마루)에 충진되어, HCl이나 H_2SO_4 등의 산의 음이온을 제거, 최종적으로는 OH탑의 출구에서는 $H^+ + OH^- \rightarrow H_2O$가 되어 결국 순수와 물이 되어 처리가 끝납니다.

용어해설 분리 : 카치온 수지·어니온 수지에 수중의 키치온 이온·어니온 이온이 들어가면 수지를 구성하고 있는 수소이온·수산이온이 수지에서 떨어지는 것을 의미합니다.

순수제조 장치의 종류와 처리방법

CO₂

2상3탑방식

2상3탑방식은 H탑, 탈탄산탑, OH탑으로 구성되어 있습니다.

탈탄산탑

H탑에서의 반응

$R-SO_3 \cdot H + Na^+ + Mg^{2+} + Ca^{2+}$
$\rightarrow R-SO_3 \cdot Na + (R-SO_3)_2Ca$
$+ (R-SO_3)2Mg + H^-$

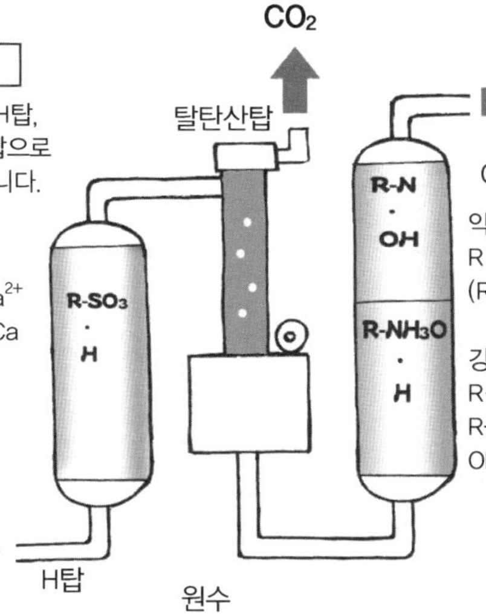

처리수

R-N · OH

R-NH₃O · H

OH탑에서의 반응

약염기성 음이온 교환수지 :
$R-NH_3 \cdot OH + CL^- + SO_4^{2-} \rightarrow$
$(R-NH_3)_2SO_4 + R-NH_3CL + OH^-$

강염기성 음이온 교환수지 :
$R-N \cdot OH + CL^- + SO_4^{2-} SiO_2 \rightarrow$
$R-NCL + (R-N)_2SO_4 + R-NSiO_2 + OH^-$

R-SO₃ · H

원수

H탑

원수

혼합상방식

혼합상방식에서는 양이온 수지와 음이온 수지가 균일하게 혼합하여 1개의 탑으로 충진하고 있습니다.

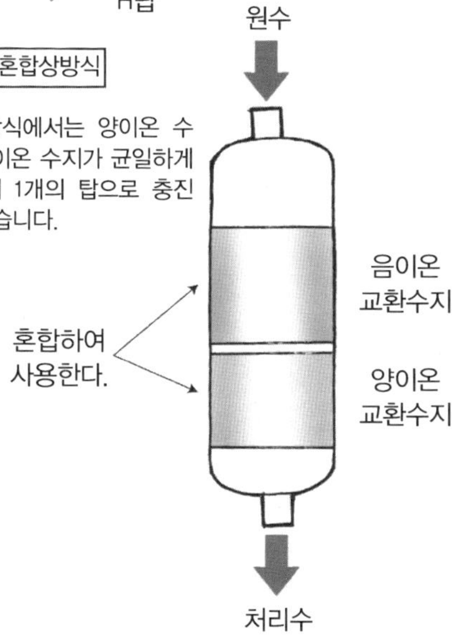

혼합하여 사용한다.

음이온 교환수지

양이온 교환수지

처리수

- 이온교환 수지 순수장치에는 다상탑(多床塔) 방식과 혼합상탑(混合床塔) 방식의 2가지가 있습니다.
- 다상탑(多床塔) 방식은 2상3탑(2床3塔)으로 구성되어 있습니다.

9. 순수보다 훨씬 순도가 높은 초순수

초순수라는 단어가 있습니다. 순수가 수용액 중의 전해질을 대상으로 하고 전기전달과 실리카의 측정값으로 정의하는 것에 비해, 초순수는 전해질은 물론 수중에 용해하고 있는 유기물, 생물, 미립자 등도 일정기준값 이하의 것이 요구됩니다. 이 초순수라고 하는 단어는 반도체의 발전에 따라 생겨났습니다.

반도체 산업에서 요구되는 초순수는 수중에 용해하고 있는 이온류, 유기물, 생균, 미립자 등을 포함하지 않는 물 100%의 이론순수입니다. 그러나 이론순수를 입수하는 것은 불가능합니다. 왜냐하면 이론순수를 제조하는 것 자체가 곤란할 뿐 아니라, 이론순수가 된다면 다른 물질을 용해하는 힘이 높아지기 때문입니다. 예를 들어 이론순수가 제조되었다 하더라도 장치의 부착물이나 재료로부터의 오염도 무시할 수 없고, 또한 제조수를 용기에 넣으면 용기로부터의 오염이나 용출이 생기기 때문에, 순도를 기대할 수 없기 때문입니다. 따라서 '초순수'는 실제로 제조할 수 있는 가장 이론순수에 가까운 것을 말합니다.

반도체 제조에는 이론순수에 가까운 물이 요구됩니다.

이론상으로 나타나는 순수의 저항률은 25℃에서 18.24MΩ·cm, 전기전도율은 0.05482μS/cm입니다.

이 전도율의 값은 $H_2O \Leftrightarrow H^+ + OH^-$(정식으로 $2H_2O = H_3O^+ + OH^-$)와 같이 물 자체의 분리에 의한 수소이온 및 수산화물이온 이외의 전해질이 없는 상태입니다. 초순수에 요구되는 것은 저항률에서는 적어도 이러한 이론순수에 제한 없이 가까운 레벨입니다. 실제로 최근의 고집적도의 반도체 제조공정에서 요구되는 수질의 저항률은 18MΩ·cm 이상의 높은 레벨이었습니다.

예를 들어, 이 물에 Fe_2^+ 이온이 1mg/L 용해한 것만으로 그 저항률은 17MΩ·cm 로 저하하기 때문에, 용해물질이 μg/L(ppb)의 농도 레벨에서도 문제가 될 정도로 초순수에서의 요구는 엄격합니다.

> **용어해설** **저항률**(MΩ·cm) : 전기전도율의 어려움을 나타내는 단위입니다. 원래 물은 전기를 통하기 어렵지만 이온을 녹이고 있기 때문에 통하기 쉽게 되어 있습니다.

반도체 공장에서 요구되고 있는 초순수의 수질

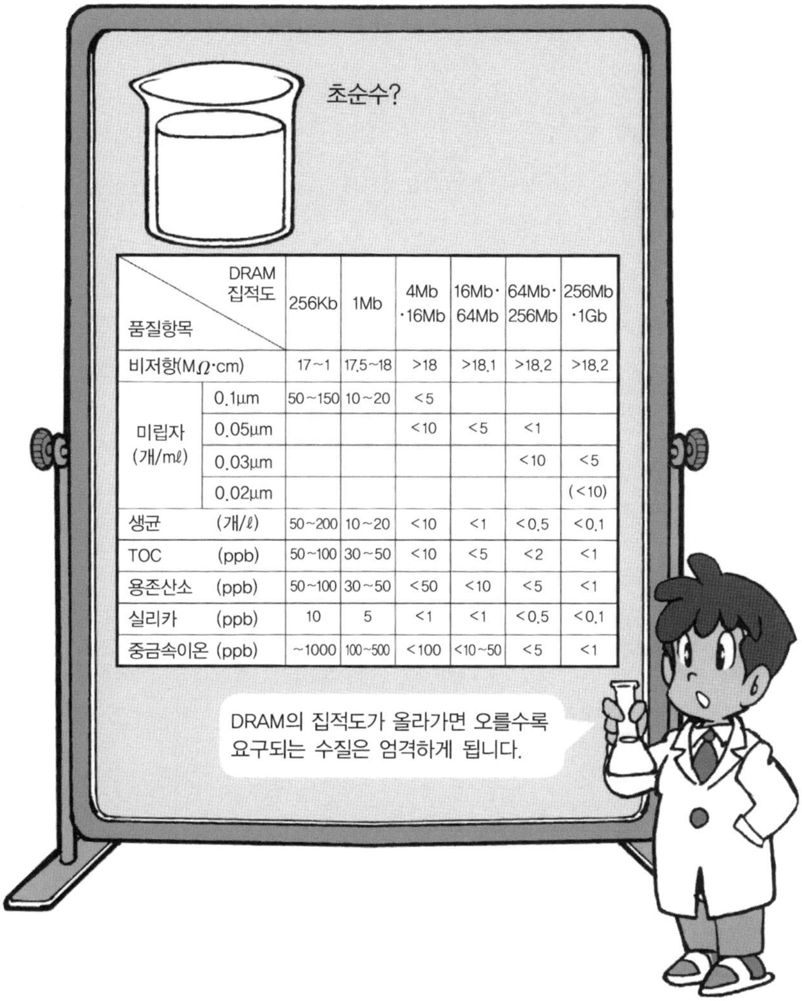

초순수?

품질항목 \ DRAM 집적도		256Kb	1Mb	4Mb·16Mb	16Mb·64Mb	64Mb·256Mb	256Mb·1Gb
비저항(MΩ·cm)		17~1	17.5~18	>18	>18.1	>18.2	>18.2
미립자 (개/mℓ)	0.1μm	50~150	10~20	<5			
	0.05μm				<10	<5	<1
	0.03μm					<10	<5
	0.02μm						(<10)
생균	(개/ℓ)	50~200	10~20	<10	<1	<0.5	<0.1
TOC	(ppb)	50~100	30~50	<10	<5	<2	<1
용존산소	(ppb)	50~100	30~50	<50	<10	<5	<1
실리카	(ppb)	10	5	<1	<1	<0.5	<0.1
중금속이온	(ppb)	~1000	100~500	<100	<10~50	<5	<1

DRAM의 집적도가 올라가면 오를수록 요구되는 수질은 엄격하게 됩니다.

Check Point

• 초순수라 함은 수중에 용해하고 있는 이온류, 유기물 등을 포함하지 않는 100% 의 이론순수를 말합니다.
• 초순수는 반도체의 발전에 따라 등장하였습니다.

10. 초순수 제조장치의 시스템

반도체 제품의 세정이나 반도체 제조에 사용되는 약품의 희석용 등에는 다른 것과 비교되지 않을 정도의 고순도의 초순수가 필요합니다. 그 때문에 초순수 제조에는 수처리의 모든 기술이 투입되어 있다고 말할 수 있습니다.

이 시스템은 크게 전처리시스템, 1차 순수제조시스템(1차 순수시스템), 폴리싱 시스템(서브시스템)의 3가지로 나눌 수 있습니다. 사용되는 처리장치는 원수의 수질이나 요구되는 수질에 의해 달라집니다. 이 중 전처리시스템에서는 주로 공업용수나 우물물에 포함되는 미립자가 제거됩니다. 그리고 1차 순수 시스템에서는 이온류, TOC(Total Organic Carbon : 수중에 용해하고 있는 모든 유기탄소), 용존가스(산소, CO_2), SiO_2의 대부분이 제거되고, 수질로서도 저항률 $10M\Omega \cdot cm$ 이상, 양호한 경우에는 $17.5M\Omega \cdot cm$ 이상이 됩니다.

최종 안전장치인 서브시스템

서브시스템에서는 1차 순수시스템으로 제거할 수 없었던 미소량의 이온류 TOC를 제거함과 동시에 1차 순수시스템 이후에 시스템 구성 부재에서 용출한 이온류, TOC를 제거합니다. 이 서브시스템은 시스템 전체의 최종 안전장치의 역할을 합니다. 1차 순수시스템이 확실하게 작동하고 있으면 초순수 제조 시스템 전체가 굉장히 안정적인 것으로 됩니다.

각각의 처리에서 사용되는 장치나 제거 대상은 다음 페이지에 나타내고 있습니다. 모든 물질을 처리하도록 하는 만능의 기술이나 장치는 없습니다. 따라서 반도체 제조에 요구되는 고순도의 초순수는 최신의 기술·장치를 조합하여 만들어지고 있는 것입니다.

용어해설 **용존가스 :** 물 속에 녹아 있는 가스를 말하며, 산소가스, 질소가스, 탄산가스 등이 있습니다.

초순수 제조 3단계와 각각의 역할

초순수의 제조에는 수처리기술의 모든 것이 투입되어 있습니다.

제거 대상 항목	전처리 시스템	1차 순수시스템			서브시스템			
	응집+여과	RO	이온교환	탈기	UVst	UVox	데미나	UF
이온	×	◎	◎	×	×	×	◎	×
TOC	△	◎	◎	△	×	◎	◎	×
미립자	◎	○	△	×	×	×	×	◎
용존산소	×	×	×		×	×	×	×
SiO₂	△	○	◎	×	×	×	○	×
생균	×	△	×	×	◎	×	×	◎
탄산가스	×	△	○	○	×	×	△	×

서브시스템은 다양한 전처리가 이루어진 후에 위치하는 초순수 제조의 핵심이 됩니다.

Check Point
- 초순수 제조에는 수처리의 모든 기술이 들어 있습니다.
- 전처리시스템, 1차 순수제조시스템, 서브시스템으로 구성됩니다.

11. 초순수 제조의 마지막 단계 - 서브시스템

초순수 제조시스템 중에서 마지막에 해당하는 것이 서브시스템(폴리싱 시스템)입니다. 여기에서 이 공정을 상세히 소개합니다.

서브시스템에서는 송수되어오는 1차 순수 중에 근소하게 남아 있는 이온류, TOC 성분, 미립자, 생균을 제거하여 초순수로 제조합니다. 이 초순수는 배관망을 통해 각 사용처(use point)로 보내집니다. 그리고 남겨진 초순수의 일부는 다시 1차 순수와 합류하여 순환처리됩니다.

서브시스템은 열교환기, 자외선 살균장치(UVst) 혹은 자외선 산화장치(L-UVox), 데미나(이온교환장치), 최종필터로써 UF막으로 구성되어 있습니다. 이 중 열교환기는 사용처(use point)로써 사용되는 수온을 설정하기 위한 장치입니다. 또한 자외선 살균장치는 초순수의 TOC 레벨이 높은 경우(통상 20~50µg/ℓ)에 이용되고, 데미나 이후의 살균을 합니다. 그리고 초순수의 TOC 레벨이 낮은 경우(통상 10µg/ℓ 이하)에는 자외선 산화장치가 설치됩니다.

저분자의 TOC도 효율적으로 분해·제거

일반적으로 1차 순수시스템에는 이온교환수지와 RO막이 사용되기 때문에 서브시스템에 의지되는 TOC 성분은 분자량 100 이하의 성분으로 상정됩니다. 이들의 극 저분자 TOC를 분해하기 위한 장치로서 자외선 산화장치가 기능을 합니다. 물에 185nm의 자외선을 쏘이는 것으로 산화력이 강한 OH 라지칼을 생성시켜 이 산화작용에 의해 저분자 유기물을 탄산가스와 유기산으로 분해하고, 이것을 데미나의 음이온 교환수지로 흡착·제거합니다. 그리고 마지막의 UF막으로 미립자를 100% 제거합니다.

서브시스템은 초순수의 최종 시스템이 되기 때문에 모든 난유물의 통과를 저지하기 위해 구축되고 있습니다.

용어해설 **열교환기** : 열 교환을 하기 위한 장치이고, 유체의 온도를 올리는 것을 목적으로 한 경우에는 가열기, 온도를 내리는 경우에는 냉각기라고 합니다.

서브시스템에서의 처리의 흐름

전처리의 후속공정으로서 서브시스템이 초순수를 마무리합니다.

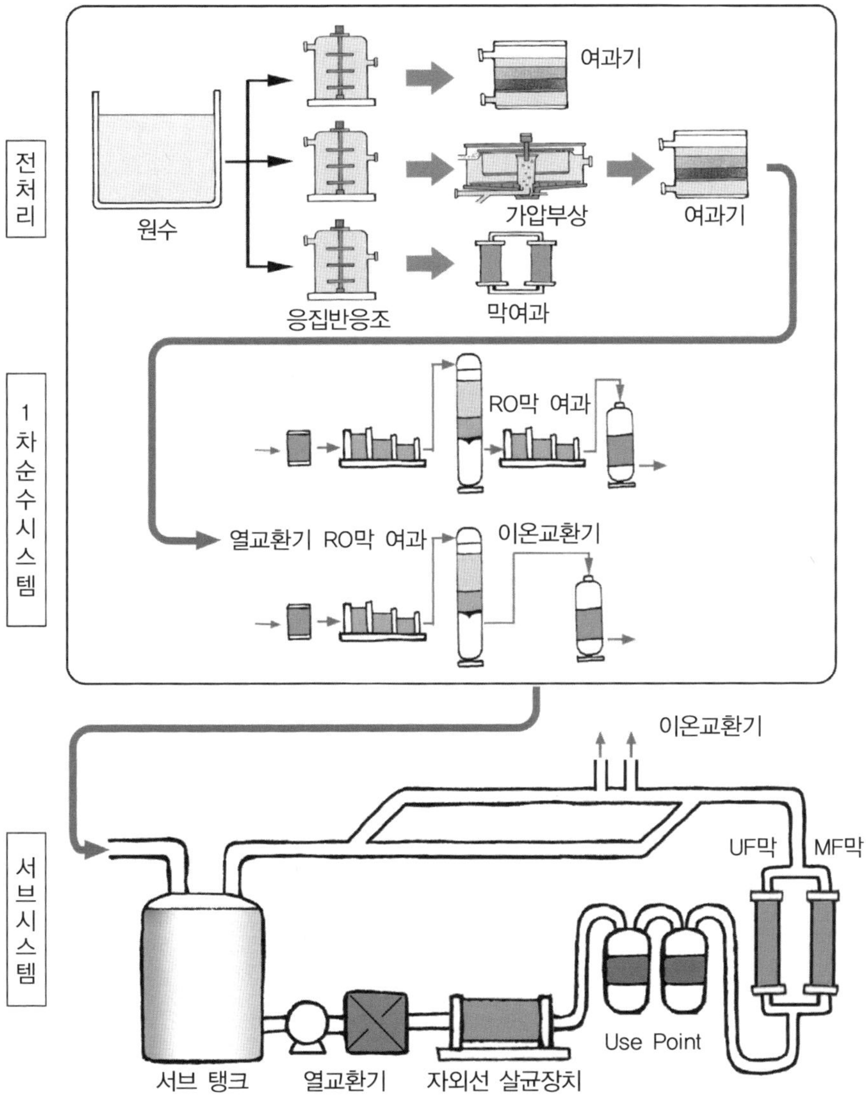

전처리

원수

응집반응조

여과기

가압부상

여과기

막여과

1차순수시스템

RO막 여과

열교환기 RO막 여과

이온교환기

서브시스템

이온교환기

UF막

MF막

서브 탱크

열교환기

자외선 살균장치

Use Point

전처리된 1차순수는 서브시스템으로 열교환, 자외선 살균, 이온교환, 막여과의 순으로 처리되고 있습니다.

Check Point
- 서브시스템은 초순수 제조시스템 중에서 가장 마지막에 위치합니다.
- 열교환기, 자외선 살균장치, 이온교환기, UF막 등으로 구성됩니다.

12. 사용처에 송수하는 배관의 검토

초순수를 서브시스템에 사용처(Use Point)까지 송수하는 초순수 공급배관은 초순수의 수질을 유지함과 동시에 사용처(Use Point)에서 필요로 하는 수량을 송수할 수 있는 것의 2가지가 필요하지만, 우선 전자를 실현하기 위해 다양한 대책이 시행됩니다.

초순수 공급배관에서 수질의 순도가 저하하는 요인으로 다음을 들 수 있습니다.

① 배관수질에서의 초순수에로의 불순물 용출

② 배관망에서의 체류에 의한 수질 저하

③ 배관시공 시 발생하는 오염물질 흡착에 의한 수질 저하

이 중 ①을 방지하기 위해 서브시스템 이후에서 이용되고 있는 배관은 용출물질이 없는가를 엄격히 검사하고, 합격한 것이 채용되고 있습니다. 최근에는 시공성, 비용 등에서 크린 PVC(염화비닐관)가 많이 사용되고 있습니다. 크린 PVC는 통상의 수돗물의 송수에 이용되는 것과는 이온, TOC(전유기 탄소)의 용출특성, 배관면의 평활성이 다르고, 미생물이나 미립자의 부착, 세정성 면에서 뛰어납니다. 또한 배관의 접합방식도 ①에 영향을 주고 있습니다. 그래서 접합은 접착제를 이용하지 않고, 접합하는 상대의 배관단부에 열을 가하여 녹여서 접합하는 용착방식이 채용되고 있습니다.

배관망을 검토하여 유량을 확보

②의 방지책으로서는 배관망에서의 체류방지와 유량확보를 위해 리버스 리턴방식이 이용됩니다. 이 방식의 특징은 보내는 주배관과 되돌아오는 주배관의 사이에 압력차를 설치하여 각 사용처(Use Point)의 어느 가지배관으로도 일정 유량을 확보할 수 있도록 되어 있습니다. 그리고 ③의 대책으로써는 배관접합공사 등의 작업을 크린룸 안에서 하는 것으로 방지하고 있습니다. 이와 같이 초순수의 수질을 떨어뜨리지 않고 사용할 수 있도록 연구가 되어 있습니다.

> **용어해설** 크린 PVC : 초순수의 송수용으로 개발된 PVC(염화비닐) 제품으로 재료에서의 불순물의 용출이 적고, 파이프 내면이 평탄하고 박테리아가 발생하기 어려운 점 등의 특징이 있습니다.

사용처(Use Point : UP)의 수압을 일정하게 유지하는 연구

공장 내에서의 초순수의 사용처(Use Point : UP)로의 배관은 항상 일정한 유량을 확보할 수 있도록 연구되고 있습니다.

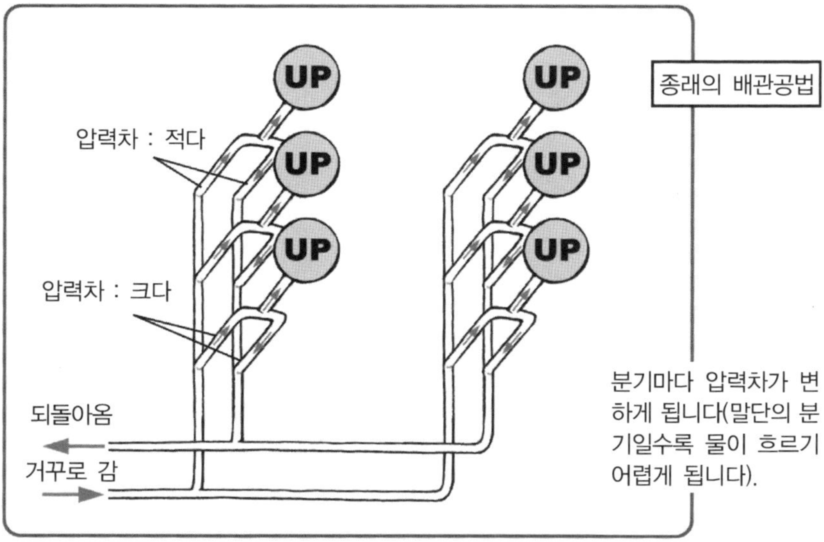

종래의 배관공법

압력차 : 적다

압력차 : 크다

되돌아옴

거꾸로 감

분기마다 압력차가 변하게 됩니다(말단의 분기일수록 물이 흐르기 어렵게 됩니다).

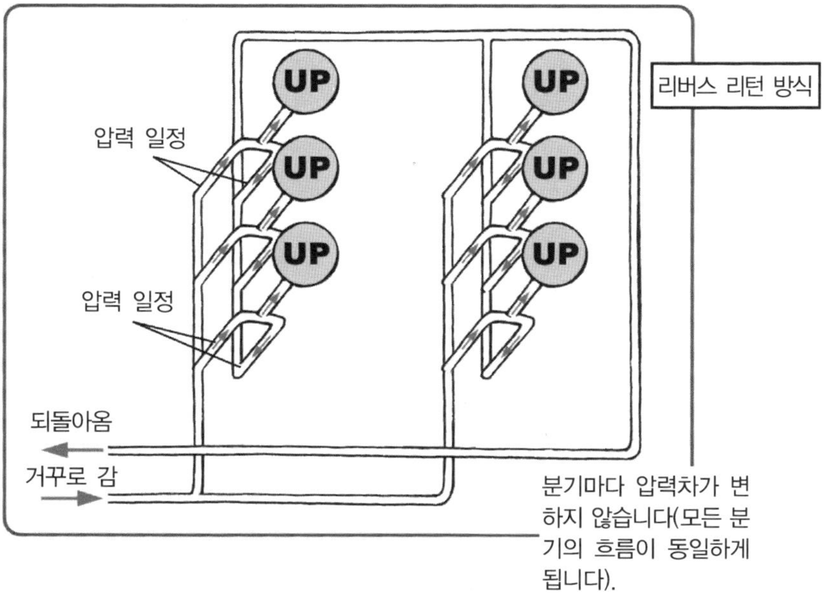

리버스 리턴 방식

압력 일정

압력 일정

되돌아옴

거꾸로 감

분기마다 압력차가 변하지 않습니다(모든 분기의 흐름이 동일하게 됩니다).

Check
Point

• 초순수의 배관은 수질을 유지하는 것이 중요합니다.
• 리버스 리턴은 사용처(Use Point)의 어디라도 일정한 유량을 확보할 수 있는 방식입니다.

13. 초순수를 만들기 위한 유기물처리

초순수에는 일정 기준 이하의 미립자나 생균, TOC(전 유기탄소), 실리카 등이 요구되며, 특히 TOC에 대해서는 제거가 가능한 시스템이 요구되고 있습니다.

전처리 전의 공업용수에는, TOC가 통상 1,000μg/ℓ 전후로 포함됩니다. 이 중 전처리의 응집가압 부상, 여과처리에 의해 우선 20~30%가 제거되고 TOC는 700~800 μg/ℓ로 됩니다.

이 여과수 중에는 유기산, 아미노산, 저분자 유기물 등이 포함되어 있지만, 1차 순수시스템의 이온교환장치에 의해 유기산, 아미노산의 대부분은 제거됩니다. 또한 극 저분자의 휘발성 유기물도 이온교환 탈염방식의 진공탈기탑에서 제거되고, 이온교환 순수장치 출구에서 100μg/ℓ 이하가 됩니다. 그리고 잔류한 저분자 유기물과 처리할 수 있었던 유기물의 일부는 역시 1차 순수시스템의 RO막(역삼투막)으로 처리되고, 최종적인 TOC는 10~50μg/ℓ로 감소합니다.

최종처리에서 TOC는 가능한 제로(zero)로

이러한 전처리나 1차 순수시스템으로 TOC는 분자량 30~50 정도의 극 저분자 유기물이 주체가 되기 때문에 다음의 서브시스템에서는 이들에 자외선(UV)을 쬐이는 것으로 산화분해가 가능해집니다.

여기에서는 우선 UV 쬐임에 의해 물 안에 산화력이 강한물질(OH 라지칼)이 생성되고, 이것이 유기물을 유기산과 CO_2로 산화분해합니다. 그리고 이들은 다음 공정의 어니온 교환수지로 제거됩니다. 최종적으로 극히 적은 양의 유기물만이 초순수에 남겨지지만, 최신의 초순수 제조시스템에 있어서는 TOC가 2μg/ℓ 이하가 됩니다.

이와 같이 초순수 제조시스템에서는 공업용수에 함유되는 많은 유기물을 그 특성에 맞게 처리할 수 있도록 시스템을 구성하고 있습니다.

용어해설 **진공 탈기탑** : 탑 내를 진공으로 하는 것에 의해 수중의 용존가스(산소가스, 질소가스, 탄산가스 등)를 제거(탈기)하는 장치입니다.

유기물 처리의 순서

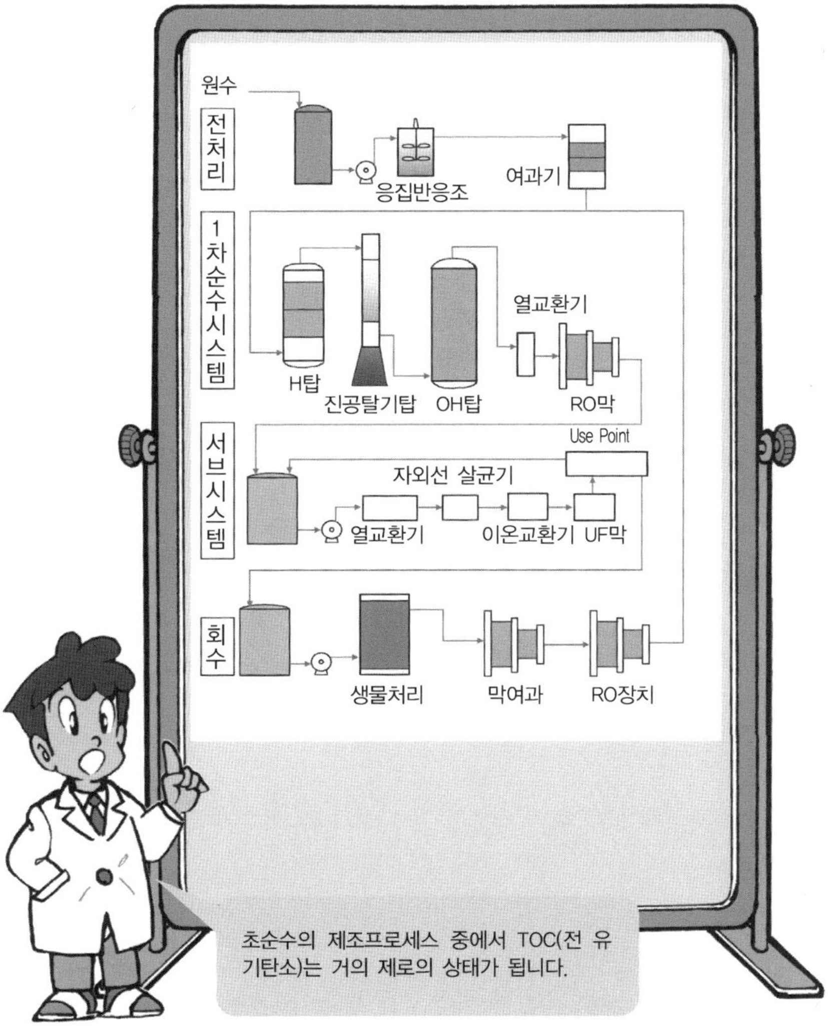
원수
전처리
응집반응조
여과기
1차순수시스템
H탑
진공탈기탑
OH탑
열교환기
RO막
Use Point
서브시스템
자외선 살균기
열교환기
이온교환기 UF막
회수
생물처리
막여과
RO장치
초순수의 제조프로세스 중에서 TOC(전 유기탄소)는 거의 제로의 상태가 됩니다.

Check Point

- 초순수에는 일정 기준 이하의 유기물이 요구됩니다.
- 최신의 초순수 제조에서는 TOC 2μg/ℓ 이하를 실현하고 있습니다.

14. 초순수를 만들기 위한 살균처리

초순수에서는 생균의 혼입이 큰 문제가 됩니다. 균체는 수중, 대기 중의 모든 장소에 존재하고, 한 번 살균하더라도 영양으로 되는 유기물이 있으면 증식합니다. 그 때문에 초순수 제조시스템 내에서는 각 단계별 그 목적에 맞게 여러 가지 살균방식이 이루어지고 있습니다.

전처리에서는 차아염소산 나트륨를 첨가하여 살균을 합니다. 다만, 이 약제에 의한 잔류염소가 1차 순수 시스템 내에서 사용하고 있는 RO막(역삼투막)이나 이온교환수지의 탈염소재의 열화를 일으키게 됩니다. 그래서, 1차 순수시스템의 입구에 활성탄이나 환원제로써 중아황산 나트륨을 이동하여 이러한 잔류염소를 제거하고 있습니다. 또한 1차 순수시스템에서 RO막 처리를 하는 경우에는 그 직전에 자외선 살균장치(UVst)를 설치하여 235nm의 자외선으로 균체의 핵산을 파괴하여 사멸시키는 것이 많이 있습니다. 다만, 자외선 살균장치의 효력은 1회성으로 지속성이 없기 때문에 비염소계의 균 증식 억제제도 주입을 합니다.

서브시스템에서는 살균장치로서 자외선 살균장치와 자외선 산화장치의 무엇인가가 사용됩니다. 또한 살균은 아니지만, 초순수를 사용하는 사용처(Use Point)로의 송수에 있어서는 UF막(final filter)이 균체를 100% 제균합니다.

서브시스템 전체의 살균

서브시스템은 부재를 교환할 때에 장치 내부가 대기에 개방되기 때문에 반드시 균체가 들어옵니다. 이를 방지하기 위한 대책으로 전체 살균을 실시합니다. 이 살균은 과산화수소나 의료, 약품에서 이용되는 열수살균을 이용합니다. 과산화수소의 경우는 실온이라면 1~2%, 40℃의 중온이라면 0.1~0.3% 농도의 과산화수소를 서브탱크에 주입하고, 열교환기, UV 장치, 최종필터(final filter) 송수배관을 순환시켜 사용처(Use Point)까지의 모든 것을 약제로 삼투합니다.

용어해설 **균 증식 억제제** : 유기물이 수중에 미량이라도 용해하고 있으면 유기물을 이용해서 증식하는 세균, 사상균(곰팡이), 조개 등의 미생물이 발생합니다. 이들을 억제하기 위해 물에 첨가하는 약품을 말합니다.

서브시스템 전체를 살균할 때 물의 흐름

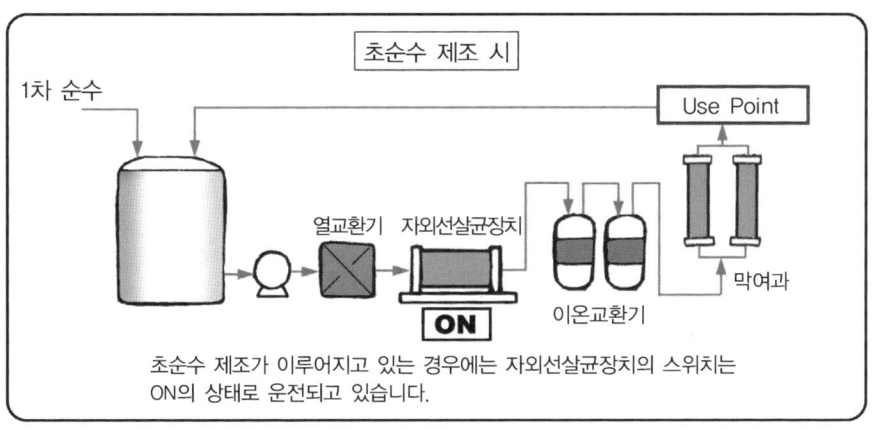

초순수 제조가 이루어지고 있는 경우에는 자외선살균장치의 스위치는
ON의 상태로 운전되고 있습니다.

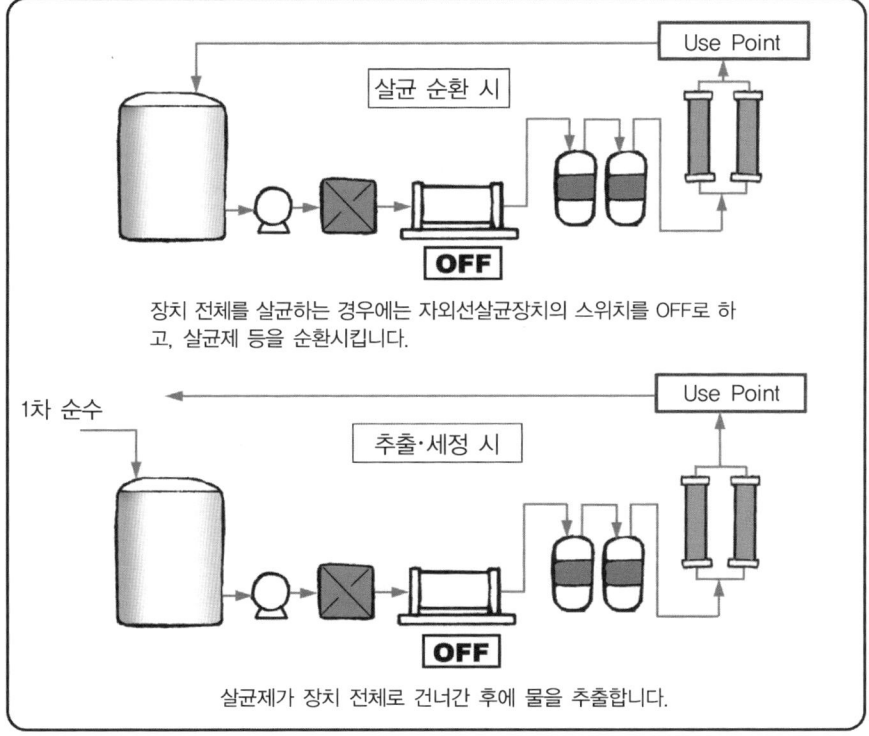

장치 전체를 살균하는 경우에는 자외선살균장치의 스위치를 OFF로 하
고, 살균제 등을 순환시킵니다.

살균제가 장치 전체로 건너간 후에 물을 추출합니다.

- 초순수에서는 생균의 혼입도 문제가 됩니다.
- 시스템 내에서는 목적에 따라 다양한 살균이 이루어집니다.

15. 초순수의 회수·재이용

반도체 공장의 여러 생산 공정에서 사용된 초순수의 일부는 회수되어 다시 초순수 제조에 이용됩니다. 앞에서 소개한 것처럼 초순수 제조시스템은 크게 3개의 시스템으로 나누어지지만, 이 배수회수시스템까지 포함하게 되면 4개의 시스템의 조합이라 할 수 있습니다.

한 번 사용한 초순수를 회수·재이용하는 것은 사용수량 증가의 방지대책으로 매우 중요합니다. 예를 들어 공장용수나 수돗물의 취수량 제한, 지하수의 상승량 제한에 의해 사용수량을 증가시킬 수 없는 경우에는 이 방법이 유효하게 됩니다. 또한, 사용이 끝난 배수라도 원수에서 제조하는 것보다는 번거로움이 생기지 않기 때문에 공장 내의 비용 절감에도 기여합니다.

배수를 어디로 되돌릴 것인지가 핵심이다

초순수의 배수회수 방법에는 ① 배수를 그 수질에 따라 각각 분별 회수하는 경우 ② 유기배수는 생물처리, 무기배수는 중화나 산화환원, 응집침전 처리를 한 후에 이들이 섞인 합배수로 회수하는 경우가 있습니다.

회수의 난이도의 시점에서 말한다면 ①의 공정배수마다의 회수처리가 처리대상도 한정되고 있고 오염물 농도도 엷은 것이 많기 때문에 용이합니다. 이것에 대해 ②의 종합배수를 회수하는 경우에는 수량변동, 수질변동은 적어지지만, 염류농도가 높고, 처리 대상 수질항목도 여러 가지로 경우가 많게 되어 간단하게 처리할 수 있습니다.

다만 전자는 공장 신설 시에 설치하면 용이하지만, 그렇지 않은 경우에는 후자를 선택할 수밖에 없게 됩니다. 어떠한 경우라도 그 회수 대상의 수질과 회수 처리된 물의 수질에 따라 1차 순수 시스템의 어디에 합류시킬 것인가가 큰 핵심이 됩니다.

용어해설 **염류농도** : 물 속에 용해하고 있는 무기질(염류)의 농도를 말합니다.

초순수의 회수방법

초순수를 사용한 후의 배수처리는 공장 내의 공정마다 모을지, 전체로써 모을지에 따라 처리가 달라지게 됩니다.

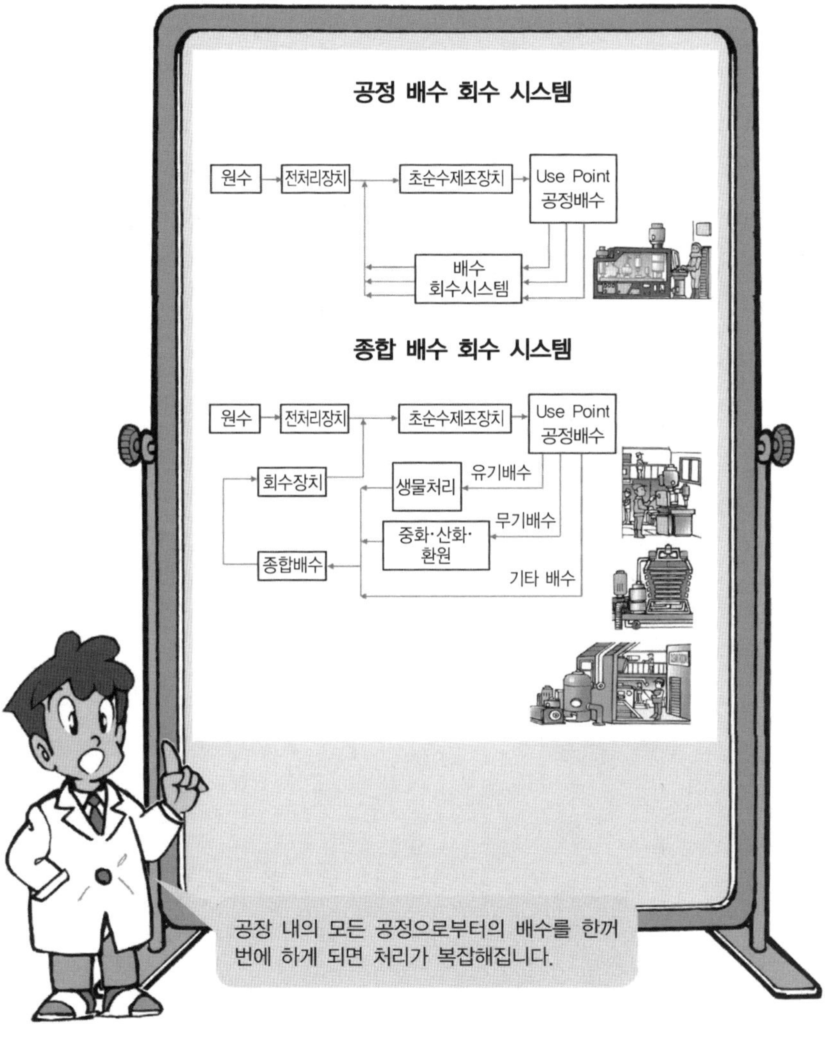

공정 배수 회수 시스템

원수 → 전처리장치 → 초순수제조장치 → Use Point 공정배수

배수 회수시스템

종합 배수 회수 시스템

원수 → 전처리장치 → 초순수제조장치 → Use Point 공정배수

회수장치

생물처리 → 유기배수

중화·산화· 환원 → 무기배수

종합배수

기타 배수

공장 내의 모든 공정으로부터의 배수를 한꺼번에 하게 되면 처리가 복잡해집니다.

Check Point
- 초순수의 회수·재이용은 사용수량 증가의 방지대책으로서 중요합니다.
- 회수한 물을 1차 순수시스템의 어디에 합류시킬 것인지가 핵심이 됩니다.

16. 함유물질에 따른 배수의 회수방법

배수의 회수에는 그 안에 무엇이 들어 있는가에 따라 그 방식이 변하게 됩니다. 예를 들어 무기이온이 주체인 경우, 이용되는 기술은 활성탄과 RO막(역삼투막)을 조합한 RO막 회수방식과 활성탄과 이온 교환수지를 연결한 이온교환수지 회수방식이 주체가 됩니다.

이 중에서 RO막 회수방식을 채용하는 것은 배수 중의 무기이온 농도가 전기전도율에서 500μs/cm 이하인 경우입니다. 조합하여 사용하는 활성탄은 공존하는 과산화수소의 분해나 계면활성제 등 유기물의 흡착제거를 하고, RO처리의 보호(막의 열화와 오염의 방지)와 유기물 농도의 저감 기능을 합니다. 또한 이온교환수지 회수방식은 RO막 처리 시 막의 열화가 예상되는 경우나 약간 염류농도가 높은 전기전도율 1000μs/cm 이하가 대상이 됩니다.

유기물을 함유한 배수의 처리방법

그런데 배수 중에 유기물을 함유하고 있는 경우, 특히 인프로필 알코올이나 메탄올 등의 저분자 유기물의 제거에는 이러한 방법 이외에 생물처리가 유효합니다.

미생물은 유기물을 영양분으로 받아들여 증식합니다. 이것이 현탁물질로서 처리수 중에 유출하게 되기 때문에 이 생물을 제거하기 위해 막여과 장치를 설치합니다. 이 생물처리에 의해 1mg/ℓ의 TOC(전유기 탄소)가 1/10의 0.1mg/ℓ의 TOC까지 분해·제거되어 그 후에 잔류한 유기물과 무기이온을 RO막으로 제거합니다.

이러한 배수의 회수는 최근 액정패널 제조공정에서 활발하게 이루어지고 있습니다. 여기에서 사용하는 순수와 초순수의 양은 반도체 제조공정의 10배 이상이나 됩니다. 다만, 요구되는 수질은 반드시 초고순도라는 것은 말할 것도 없고 반도체 제조공정이라면 처리 후에 방류하는 배수도 액정패널 제조공장에서는 회수·재이용되고 있습니다.

용어해설 **탈염** : 물 속에 용해되어 있는 무기물질(염류)을 제거하는 것입니다.

함유물질에 따른 회수방식의 구분

배수에 무엇이 포함되어 있는가에 따라 처리방법이 변하게 됩니다.

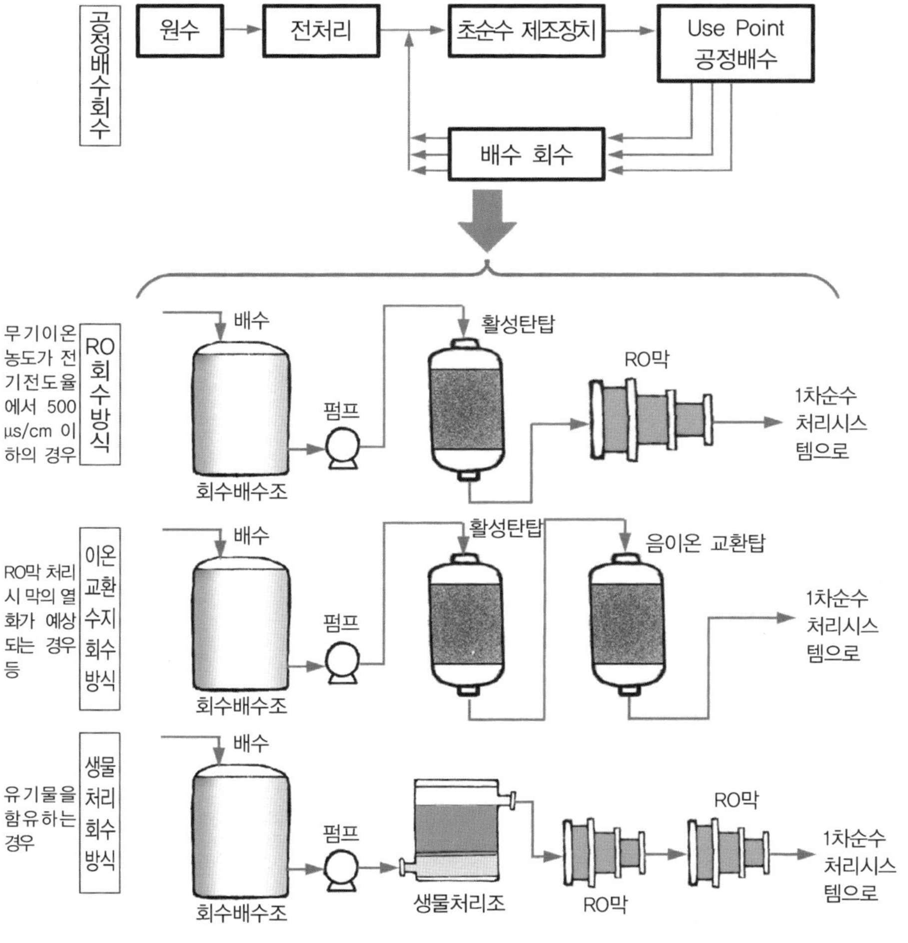

공정배수회수

원수 → 전처리 → 초순수 제조장치 → Use Point 공정배수

배수 회수

RO 회수방식
무기이온 농도가 전기전도율에서 500 μs/cm 이하의 경우

배수 → 회수배수조 → 펌프 → 활성탄탑 → RO막 → 1차순수 처리시스템으로

이온교환수지 회수방식
RO막 처리 시 막의 열화가 예상되는 경우 등

배수 → 회수배수조 → 펌프 → 활성탄탑 → 음이온 교환탑 → 1차순수 처리시스템으로

생물처리 회수방식
유기물을 함유하는 경우

배수 → 회수배수조 → 펌프 → 생물처리조 → RO막 → RO막 → 1차순수 처리시스템으로

초순수의 배수처리는 이들 3가지가 대표적입니다.

Check Point
- 배수의 회수에서는 포함되어 있는 물질에 따라 방식이 변합니다.
- 배수의 회수는 액정패널제조공장에서 활발하게 이루어지고 있습니다.

물의 3태 변화

　물은 액체, 고체, 기체라고 하는 3가지의 형태를 가지고 있습니다.
　일반적으로는 우리들이 물이라는 단어를 듣게 되면 액체로써의 물을 상상합니다. 그런데 이 액체를 섭씨 0℃ 이하로 차갑게 하면 얼음이라는 고체가 됩니다. 또한 물에 열을 가하는 경우 일반적으로 섭씨 100℃에서 끓어 수증기라고 하는 기체가 됩니다.
　이와 같이 물이 모양을 바꾸는 것을 '물의 3태 변화'라고 부르며 구름이 생겨 비나 눈이 내리고, 서리가 생기고, 냉장고의 문을 열면 흰 연기가 나오고, 세탁물이 마르는 등 3태 변화는 일상생활에서 충분히 경험하고 있는 것입니다.
　또한 물은 얼음이 되면 체적이 1.1배로 증가하지만, 이 현상은 다른 액체에는 없습니다. 더욱이 물은 굉장히 물질을 녹이기 쉬운 액체이고, 어느 하나의 물질이 녹으면 용해력을 증가시켜, 다른 물질을 차례차례 녹여가는 성질을 가지고 있습니다.

물의 3태 변화

무엇이든지 녹입니다.

제**3**장

배수 중 오염물질의
물리적·화학적
처리기술

1. 오염물질에 적합한
배수처리 방법의 선택

일반적인 공장의 배수처리를 생각할 때에는 우선 수량과 수질에 대해 알아야 합니다. 단순히 공장에서의 배수뿐 아니라, 처리수가 배출되는 하천의 상류나 하류의 수량과 수질, 물의 이용상황, 수중생물의 정보 등도 충분히 모아놓을 필요가 있습니다.

공장에서 배출되는 물에는 각종 오염물질이 섞여 있습니다. 그 때문에 배수처리의 프로세스를 결정할 때에 유분, 유기물, 현탁물질, 암모니아, 유해금속 등 각각의 오염 물질마다 다른 처리시스템이 필요하게 되고, 복수의 프로세스로 처리하기도 합니다.

다음 페이지의 표에 배수 중의 오탁물질의 제거에 유효한 방식을 나타냅니다. 물론 여기에 나타내는 물질뿐만 아니라, 이것 이외에도 다양한 물질에 대응해야만 합니다. 그래서 실제로는 오탁물질의 제거에 최대한의 능력이 나오게 되는 조합을 연구하고 있습니다.

무기물처리에는 여러 가지 방법이 있다

스트리핑은 배수 중에 함유되는 황화수소, 암모니아를 스팀으로 가열하거나 공기에서 폭기하여 처리하는 방법입니다. 석유제품 생산공장의 플랜트에서 많이 사용되고 있습니다.

응집침전법, 응집가압부상법은 배수 중의 현탁물질을 분리하는 것입니다. 응집침전법은 응집제에 의해 현탁물질을 크게 하여 침전시키고, 가압부상법은 가압한 상태에서 물에 공기를 용해시켜 상시압으로 돌아갈 때에 발생하는 미세한 기포를 현탁물질에 부착시켜 분리합니다. 또한, 알칼리 침전법은 유해물질 중에 특히 중금속 처리에 사용되는 방법입니다. 중금속을 포함한 처리수에 가성나트륨 등을 투입하여 수산화물의 형태로써 침강·분리합니다. 이러한 다양한 처리방법 중에서 배수 중에 함유되는 무기물의 제거방법을 소개하겠습니다.

용어해설 **폭기** : 수중에 공기를 불어넣는 것으로 산소를 용해시켜 미생물 반응이나 화학 산화반응을 촉진시키는 방법입니다.

제거물질과 처리방법의 관계

수중에 존재하는 것에 따라 처리방법은 변합니다.

처리방식 \ 제거물질		BOD	COD	SS	유분	페놀	NH₄	P	CN	Cr⁶⁺	Zn	Cu	Cr³⁺
물리화학처리	스트리핑	×	×	×	×	△	○	×	×	×	×	×	×
	산화처리	○	○	×	×	×	×	○	×	○	×	×	×
	환원처리	×	×	×	×	×	×	×	×	○	×	×	×
	가열가수분해	×	×	×	×	×	×	×	○	×	×	×	×
	여과	×	×	○	×	×	×	×	×	×	×	×	×
응집가압부상법		×	×	○	○	×	×	×	×	×	×	×	×
응집침전처리법		×	×	○	○	×	×	○	×	×	×	×	×
알칼리침전법		×	×	×	×	×	×	○	×	×	○	○	○
활성슬러지법		○	○	×	×	○	○	○	○	○	×	×	×
활성탄처리법		△	○	×	○	○	×	×	×	×	△	×	×
이온교환법 및 이온흡착법		×	×	×	×	×	×	×	×	○	○	○	○

처리방식 \ 제거물질		Ni	Pb	Se	F	B	Sb	Mo	V	Cd	Co	Sn	As
물리화학처리	스트리핑	×	×	×	×	×	×	×	×	×	×	×	×
	산화처리	×	×	×	×	×	×	×	△	×	×	×	×
	환원처리	×	×	×	×	×	×	×	×	×	×	×	×
	가열가수분해	×	×	×	×	×	×	×	×	×	×	×	×
	여과	×	×	×	×	×	×	×	×	×	×	×	×
응집가압부상법		×	×	×	×	×	×	×	×	×	×	×	×
응집침전처리법		×	○	△	×	×	○	○	○	×	×	○	○
알칼리침전법		○	○	×	○	×	○	×	○	○	×	△	×
활성슬러지법		×	×	×	×	×	×	×	×	×	×	×	×
활성탄처리법		×	×	×	×	×	×	△	×	×	×	×	△
이온교환법 및 이온흡착법		○	○	○	○	○	○	○	○	○	○	○	○

여기에서 소개한 처리방법은
뒤에서 소개하겠습니다.

Check Point
- 각종 오염물질이 함유되는 공장배수에서는 복수의 프로세스로 처리합니다.
- 무기물의 처리에는 스트리핑이나 응집침전법, 응집가압부상법, 알칼리침전법 등이 있습니다.

2. 수처리에 없어서는 안 되는 pH 조정

구체적인 처리기술을 설명하기 전에 pH 조정에 대해 알아봅시다. 모든 수역에 있어서 pH는 중요한 지표 중 하나입니다. 많은 수중생물, 농작물에 있어 바람직한 pH는 5.8~8.6이며, 배수기준값도 이 값을 채용하고 있습니다. 이 pH의 조정은 방류수뿐 아니라 응집, 침전 등의 수처리를 효과적으로 하기 위해서도 중요한 조작입니다.

금속 이온의 제거에는 pH가 영향을 준다

중화라 함은 산과 알칼리를 더해 중성의 물로 만드는 것으로 엄밀하게 해석하면 상온에서 수소이온 농도를 $10^{-7}mol/\ell$, 즉 pH값을 7로 하는 것입니다.

일반적으로 수중의 중화 상태를 볼 때에는 다음 페이지의 그래프와 같이 산, 또는 알칼리의 첨가량을 횡축으로 놓고, 시료용액의 pH를 종축으로 하여 곡선을 그리는 방법이 취해집니다. 이 곡선을 중화곡선으로 말하지만, 실제의 배수 중화에서는 산알칼리, 게다가 금속이온 등이 함유되어 있기 때문에 이 중화곡선의 형태는 각각 달라지게 됩니다.

금속이온을 함유하는 배수는 일반적으로 산성이고 이것에 알칼리를 더해 pH를 올리게 되면 금속이온은 수산이온과 반응하여 수산화물을 만듭니다. 이것은 pH를 올리는 것에 따라 수산이온의 농도가 높아지고, 금속이온의 용해도가 작아지기 때문입니다. 예를 들어 제철소나 금속표면처리 공정에서의 산세척 배수에서 제1철 이온을 함유하는 경우, pH를 9~10까지 올리지 않으면 충분히 제거되지 않습니다. 그러나, 공기를 흡입하여 산화제2철로 하면 pH 7 부근에서 완전하게 제거됩니다. 또한 티안의 염소에 의한 분해에서는 pH 10 이상, 6가크롬의 아황산염에 의한 원소에서는 pH 3 이하가 아니면 반응이 일어나지 않습니다. 이와 같이 폐수처리에서 pH 조정은 지극히 중요한 조작인 것입니다.

용어해설 **배수기준값** : 환경기준을 달성하기 위해 배수에 허용되는 오염물질의 농도입니다.

중화반응의 시스템

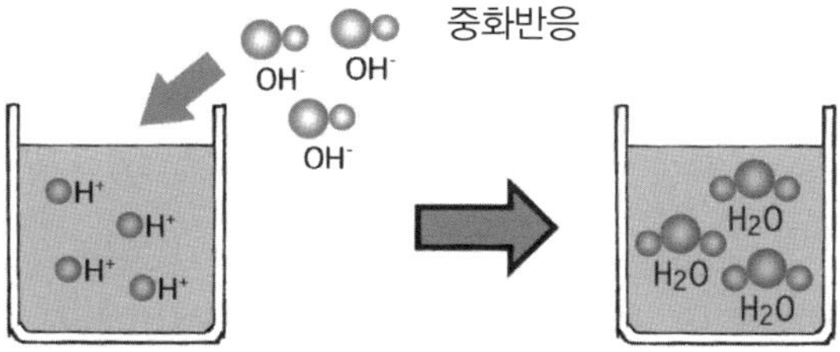

중화반응

수중에 H^+가 과잉으로 존재하면 산성을 나타내지만, 여기에 알칼리(OH^-)를 첨가하면, H^+와 OH^-가 반응하여 물이 되어 중성이 됩니다.

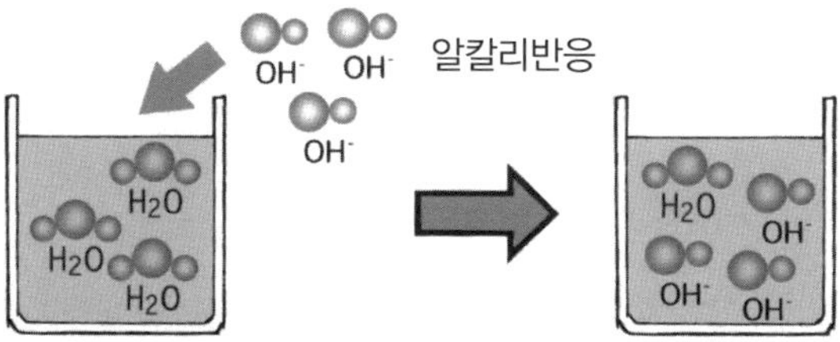

알칼리반응

중화한 후, 더 많이 알칼리를 넣으면 OH^-가 과잉으로 되어 알칼리성을 나타냅니다.

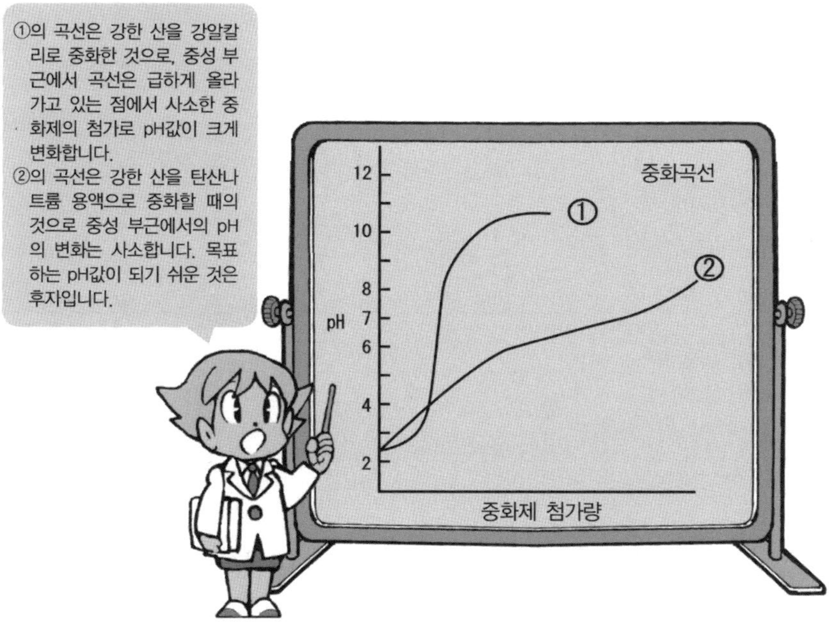

①의 곡선은 강한 산을 강알칼리로 중화한 것으로, 중성 부근에서 곡선은 급하게 올라가고 있는 점에서 사소한 중화제의 첨가로 pH값이 크게 변화합니다.
②의 곡선은 강한 산을 탄산나트륨 용액으로 중화할 때의 것으로 중성 부근에서의 pH의 변화는 사소합니다. 목표하는 pH값이 되기 쉬운 것은 후자입니다.

중화곡선

pH

중화제 첨가량

Check Point
- pH의 조정은 응집·침전 등을 효과적으로 하기 위해 중요한 조작입니다.
- 금속이온을 함유하는 배수의 pH를 올리게 되면, 수산화물이 되어 침전합니다.

3. 배수처리의 출발점
- 협착물·스케일의 제거

구체적인 배수처리의 출발점은 배수 안에 들어 있는 쓰레기 등의 큰 고형물(협착물)을 제거하는 것입니다. 스크린에 의해 섬유나 나뭇가지 등의 쓰레기를 제거하는 것은 단순히 오탁방지나 펌프 등의 기능 보호뿐만 아니라, 그 후의 배수처리를 원활하게 하기 위해서도 필수적입니다. 여기에서는 배수를 우선 강제격자형 등의 스크린을 통해 그 눈(체)을 통과할 수 없는 큰 고형물질이 제거됩니다.

스크린은 조목과 세목이 있고 일반적으로는 조목스크린, 세목스크린의 순서로 하여 2중으로 설치합니다. 그중 조목스크린은 봉 형상이나 격자 형상의 것이 고정(비기계식) 혹은 가동(기계식)의 상태에서 이용됩니다. 또한, 세목스크린은 청소하기 쉬우나 연속조작을 가능하게 하기 위해 회전식이나 전동식으로 되어 있습니다.

비기계식의 봉 형상 스크린의 봉 사이 간격은 25~50mm, 기계식에서는 20mm 정도이고, 이것보다 큰 협잡물은 제거됩니다. 스크린의 수면에 대한 경사각은 수거 인양장치가 있을 때는 효율면에서 70° 전후로 하지만, 수동 인양장치의 경우에는 완만하게 합니다.

아주 작은 스케일의 분리

철강배수에서는 철의 녹 등이 많이 혼입되어 있으므로 이것을 제거하지 않으면 배관의 막힘, 마모 등의 장애가 발생합니다. 이 때문에 침강식 분리기나 원심력을 이용하여 미립자를 분리하는 사이크론 피트 등으로 확실하게 제거해야만 합니다.

침강식 분리기는 경사한 바닥면을 수조와 배출장치로 구성하며, 배출방법의 차이에 따라 래크식과 스파이럴식의 2종류가 있습니다. 또한, 사이크론 피트는 물의 흐름을 회전시킴으로써 침강시간을 길게 하여 아주 작은 스케일도 제거할 수 있게 하고 있습니다.

용어해설 **침강시간 :** 제거대상물이 침전분리조 내(사이크론 피트)에서 제거되기 때문에 제거되기 위하여 필요한 시간을 말하며, 침강시간이 길수록 제거가 어려워지게 됩니다.

쓰레기나 스케일을 제거하는 장치

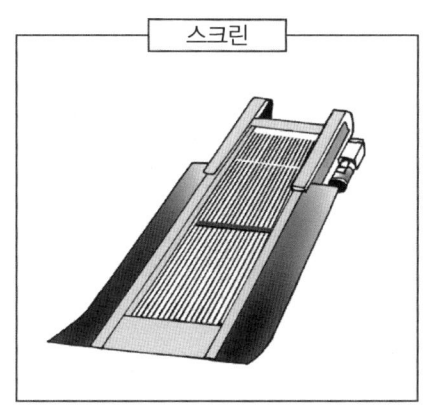

스크린

배수를 스크린으로 통과하는 것으로 쓰레기 등을 제거합니다.
스크린에 걸린 쓰레기는 래크(끌어올림판)로 제거합니다.

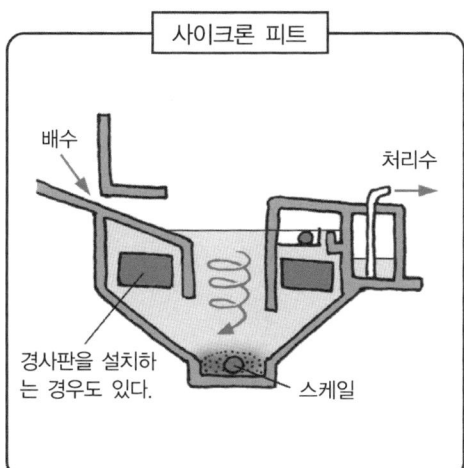

사이크론 피트

배수

처리수

경사판을 설치하는 경우도 있다.

스케일

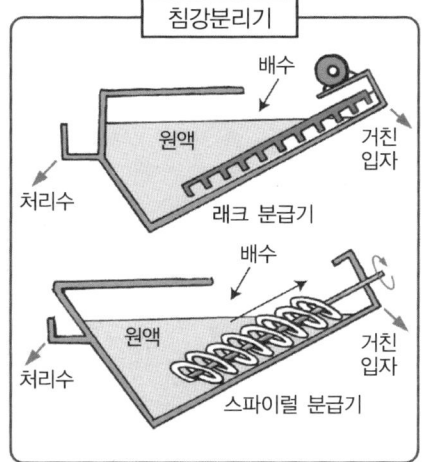

침강분리기

배수

원액

처리수

거친 입자

래크 분급기

배수

원액

처리수

거친 입자

스파이럴 분급기

수류를 회전시키는 침강시간이 길게 얻어지기 때문에 침강이 완전해집니다.
또한, 침전한 스케일은 그래브 바켓 등으로 배출합니다.

침전한 거친 입자의 배출방법은 래크(끌어올림판)로 제거하는 타입과 스크류의 회전으로 배출하는 타입이 있습니다.

Check
Point

• 우선 배수를 통과시켜 큰 고형물은 스크린을 사용하여 분리합니다.
• 철강배수에서는 철의 녹과 같은 스케일을 기계식 분급기로 제거합니다.

4. 오탁물질에 따른 올바른 처리방법

배수처리에는 물에 함유되어 있는 다양한 오탁물질을 물에서 분리하는 방법과 분해 등으로 변질시켜 오탁물질로서의 특성을 잃어버리게 하는 방법이 있습니다. 이 배수처리의 방법을 선택하기 위해서는 오탁물질이 어떠한 형태로 물에 함유되어 있는지, 특히 그 물리적 성상을 아는 것이 중요합니다.

일반적으로 오탁물질은 ① 부유물질, ② 클로이드 물질, ③ 용존물질의 3가지 형태로 나눌 수 있습니다. 이들을 엄밀히 구분하기는 어렵지만, 보통은 그 크기로 분류하며, 부유물질은 1~100μm 전후, 클로이드는 1nm~1μm 정도 그리고 용존물질의 형태가 되면 클로이드보다도 더 미세해집니다.

수처리에서는 오탁물질의 크기의 차이가 처리방법의 난이도에 큰 영향을 미치는데, 일반적으로 사이즈가 큰 부유물질이 가장 처리하기 쉽고 작은 클로이드나 용존물질은 처리에 번거로움이 있습니다.

종류에 따라 처리방법을 구분한다

수중의 오탁물질 제거대상물과 적용처리법을 오른쪽 페이지에 나타냅니다.

표 안의 1~4는 물리적 처리법이라 불리는 것으로 대부분이 응집반응을 이용한 고체분리 기술입니다. 이들은 비중화를 이용한 침전, 부상, 원심분리와 여과 등으로 오탁물질을 분리합니다. 또한 5~10의 제거대상은 용해물질이기 때문에 화학적 처리방법에서의 분해나 흡착, 혹은 분리막 등의 수리 처리 기술이 주체가 됩니다. 또한 오수 안의 오탁물질을 분리하면 슬러리 형상의 슬러지가 됩니다. 이 슬러지는 응집침전 등에 의한 물리 처리 슬러지와 생물처리에 의해 배출되는 유기성 슬러지(제4장)로 크게 나뉘지만, 어떠한 경우에도 농축하여 탈수 후 처분됩니다. 이 탈수에 있어서의 고체분리가 충분하지 않은 경우에는 농축조에 슬러지가 누적되고, 처리수에 오탁물질이 혼입하는 상태를 말합니다.

용어해설 **고액분리** : 고(제거대상물)와 액(물)을 나누는 조작을 말합니다.

제거대상물과 처리방법

배수 중의 제거대상물의 종류에 따라 처리방법이 다릅니다.

오염물을 제거하는 방법

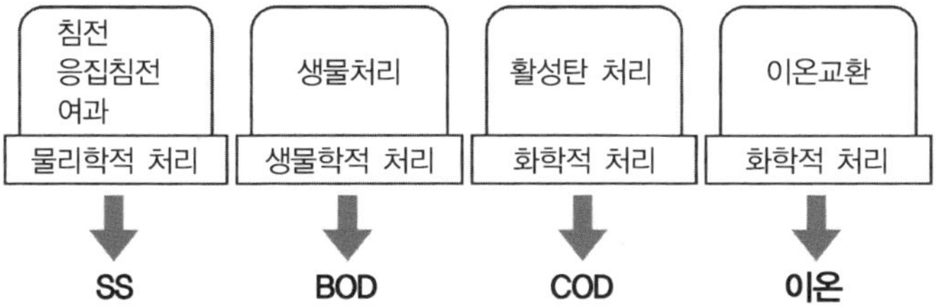

침전 응집침전 여과	생물처리	활성탄 처리	이온교환
물리학적 처리	생물학적 처리	화학적 처리	화학적 처리
⬇	⬇	⬇	⬇
SS	BOD	COD	이온

	제거대상물	적용처리법
1	협착물·스케일	스크린·거친 입자 분리기
2	현탁물질·부상성 물질	침강·부상·여과
3	콜로이드성 물질	응집·규조토 여과
4	에멀전	응집·흡착·전기적 방법
5	용존물질	중화·산화·환원·각종 화학반응
6	용존유기물	활성슬러지·혐기처리·생물막법
7	질소·인	탈질·탈인·응집
8	미량유기물	활성탄·염소산화·막처리
9	용존무기물	전기침투·역삼투막·이온교환수지
10	박테리아	MF막·염소살균·자외선·오존

Check Point
- 배수 중의 오탁물질은 부유물질, 콜로이드성 물질, 용존물질의 3가지로 분리됩니다.
- 사이즈가 큰 부유물질이 가장 처리하기 쉽고, 작은 것일수록 어렵습니다.

5. 현탁물질을 크게 성장시키는 응집처리

응집처리는 처리수의 고액분리를 용이하게 하기 위한 조작입니다. 용수처리 부분에서 설명한 것처럼 모래여과, 가압부상분리, 침전분리 등과 병용됩니다.

용수처리 또는 배수처리로 하더라도 시스템 전체의 처리의 안정이 얻어질지 여부는 이 응집 프로세스의 좋고 나쁨에 크게 좌우됩니다.

응집처리는 크게 2개의 공정으로 나눌 수 있습니다. 우선 응고반응에 의해 미세 플록(floc)을 석출시켜 다음에 이것을 성장시키는 응집반응으로 플록(floc)을 조대화(크게 만듦)합니다.

응고반응은 다음과 같이 합니다. 자연계에 존재하는 미세입자는 일반적으로 마이너스로 띠전(帶電)하고 있기 때문에 서로 반발하여 응집하지 않습니다. 그래서 여기에 플러스 하전(荷電)을 가지는 응집제를 첨가하면 하전(荷電)이 중화되어 응집이 일어납니다. 이 단계에서의 플록(floc)은 아직 작기 때문에 기초 플록(floc)이라고 부릅니다. 여기에서 사용되는 응집제는 황산알루미늄이나 PAC(폴리염화알루미늄) 등 알루미늄염이나 염화철 폴리철 등으로 사용을 구분합니다.

공정에 따라 응집제의 사용을 구분한다

기초 플록(floc)을 성장시키는 것이 응집반응입니다. 플록(floc)의 침전속도는 입자지름의 2승에 비례하여 커지기 때문에 고액분리 시 플록(floc)의 크기가 클수록 유리합니다. 플록(floc)의 조대화에 사용되는 약제는 고분자 응집제 또는 폴리마라 불리며, 용도에 따라 여러 종류가 있지만 기본적으로는 폴리아크릴아미드의 부분 가수 분해물을 사용하고 있습니다. 즉, 배수처리에서는 고분자 응집제(폴리머)를 사용하지만 용수처리에서는 응집제 PAC(폴리염화알루미늄)를 주로 사용하고 있습니다. 용수처리에서 폴리머를 사용하는 경우가 적은 것은 폴리머가 다음의 공정에 빠진 경우, 이온교환수지나 RO막(역삼투막)의 유기물 오염을 일으키는 원인이 되기 때문입니다.

용어해설 **폴리머** : 단수분자가 중합한 물질로서, 응집제의 경우는 고분자 응집제라고 불립니다.

응집의 시스템

배수에 응집제를 투입하여 현탁물질의 덩어리를 만듦으로써 침전시키는 것이 응집처리입니다.

응집제

배수 →

천천히 교반합니다.

> 응집처리는 응고반응과 응집반응의 2단계로 이루어집니다.

응고반응

미세 입자 → 응집제 → 응고 플록(floc)

응집반응

응고 플록(floc) → 폴리머 → 흡착 → 교반 → 거칠고 큰 플록(floc)

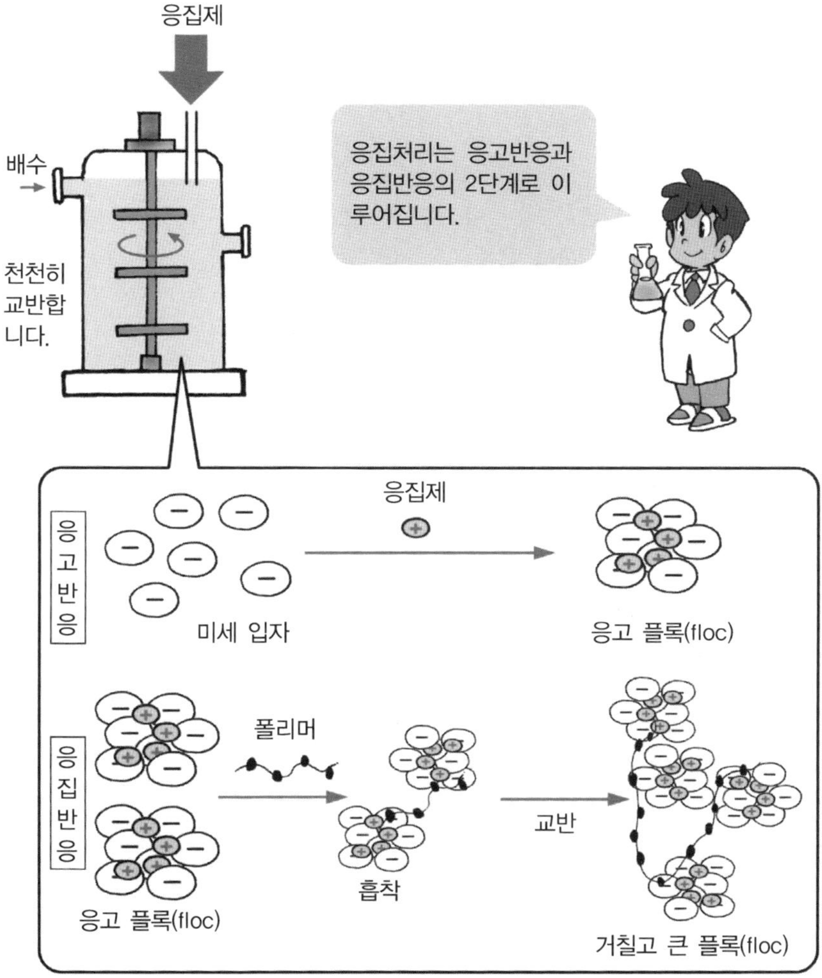

수중의 미세입자와 역의 전하를 가지는 응집제를 투입하여 응고 플록(floc)으로 만든 후에, 폴리머(응집보조제)를 넣어 응고 플록(floc)을 흡착합니다. 거칠고 큰 플록(floc)으로 만들어 침전하기 쉽게 만듭니다.

Check Point
- 배수 중의 미세입자를 모아 큰 덩어리로 만드는 것이 응집처리입니다.
- 응집처리는 응고반응과 응집반응의 2단계로 이루어집니다.

6. 비중차를 이용하여 현탁물질을 아래로 모으는 침전처리 장치

수처리의 프로세스에서는 유기, 무기에 관계없이 수중의 오탁물질을 불용성의 현탁물질 형태로 하여 침전시킴으로써 물과 분리하는 것이 원칙입니다. 예를 들어, 물에 용해하고 있는 금속이온을 제거할 때에는 수산화물이나 황화물의 형태로 만들어 침전시켜 고액분리를 합니다.

침전분리는 보통침전과 응집침전으로 나눌 수 있습니다. 보통침전은 응집조작을 하지 않고, 그대로 침강분리시키는 것으로 자연침전이라고 부르고 있습니다. 응집침전은 응집처리 후, 현탁물질을 침전시키는 방법입니다.

침강분리는 수중의 현탁물질을 물과의 비중 차이에 의해 분리시키기 위해 깊은 침전조보다도 수면의 면적이 넓은 쪽이 효과적으로 침전시킬 수 있습니다. 그러나 넓고 큰 침전조를 만들기에는 건설 비용이 너무 증가하게 됩니다. 그래서, 침전속도를 빠르게 하기 위한 다양한 방법이 고안되고 있습니다.

용도에 따라 다양한 타입이 있는 침전조

현탁물질은 그 입자의 비중이나 지름이 클수록 빠르게 침전합니다. 그래서 제거해야 할 입자의 침강속도를 보아 입자지름이 미소한 경우에는 적당한 응집제나 응집보조제를 사용하여 플록(floc)화하는 것으로, 입자지름을 크게 만듭니다.

또한 침전조에도 다양한 고안이 되어 있습니다. 수면의 면적이 작더라도 청정한 처리수를 얻기 위해 침전조 내에 편류가 일어나지 않는 타입, 생성한 침강슬러지를 순환시키는 것으로 미세 플록(floc)의 발생을 방지하는 타입, 그리고 물의 양이 일정하다면, 표면적을 늘림으로써 분리효율이 증가하기 때문에 침전조 내에 다수의 경사판을 설치하여 단면적을 증대시킨 타입 등입니다.

또한, 하수처리에서도 침전조가 사용되고 있습니다. 하수 중에 부유하고 있는 침전 가능한 현탁물질을 제거하여 하수를 정화하는 것으로 최초 침전조와 최종 침전지가 있습니다. 최초 침전지는 하수 중에 비교적 비중이 큰 것을 제거하고, 최종 침전지에서는 비중이 작고, 흐름에 따라 부상하기 쉬운 미생물 플록(floc)을 분리합니다.

용어해설 **응집보조제** : 고분자의 화합물로 작은 플록(floc)을 집합시켜 큰 플록(floc)으로 만드는 움직임이 있고, 무기응집제와 병용하여 응집효과를 높이는 약품을 말합니다.

침전지의 타입과 특징

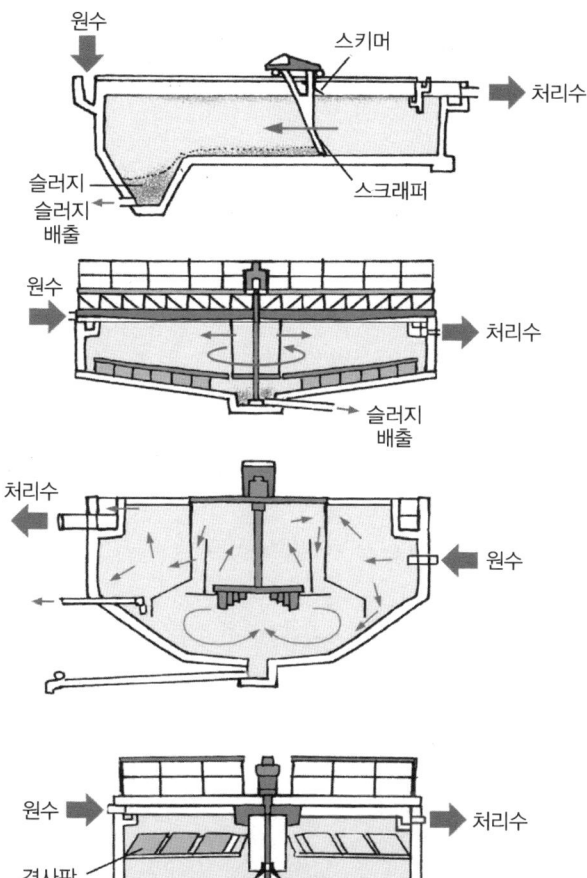

횡류식 침전지

하수처리장 등에 설치되고 있습니다. 스크래퍼가 침전한 슬러지를 긁어모아, 스키머가 수면에 부상한 기름 등을 제거합니다.

중심구동 원형 침전지

중심부가 천천히 회전하면서 원수를 분출하여 슬러지를 배출시킵니다. 취급하기 쉬운 침전지입니다.

슬러지 순환형 침전지

주로 용수의 전처리에 이용됩니다. 제1차 교반실에서 성장한 플록(floc)을 제2차교반실로 유도하여, 원수와 접촉시킴으로써 더욱더 성장시켜 침전을 확실하게 합니다.

경사판 침전지

조의 상부에 경사판을 설치하는 것으로 침강거리를 길게 하여 플록(floc)의 성장을 도모할 수 있습니다.

Check Point
- 수처리에서는 오탁물질을 불용성의 현탁물질의 형태로 만들어 물과 분리합니다.
- 침전조에는 용도에 따라 여러 가지 타입이 있습니다.

7. 공기의 거품을 이용하여 현탁물질을 위에 모으는 가압부상장치

물보다 비중이 무거운 현탁물질을 분리하는 방법이 침전처리인 것에 대해, 물보다 비중이 가벼운 현탁물질을 수면에 띄워 분리하는 방법이 부상처리입니다. 침전이나 부상 모두 중력을 이용하기 때문에 중력식 침전법이라고 부르고 있습니다.

물보다 밀도가 낮은 물질이라고 한다면 유류가 대표적입니다. 또한 밀도가 물보다 큰 현탁물질이라도 그 차가 굉장히 작을 때에는 침전속도가 작아지게 됩니다. 이 같은 경우 공기의 거품을 수중에 발생시켜 현탁물질을 부착시키면 밀도가 작아져 부상분리가 가능해집니다. 이렇게 하여 부상한 슬러지를 스컴(scum)이라고 부릅니다. 공기를 포함하고 있기 때문에 침전슬러지 보다도 수분이 적은 경우가 많고 이 특징을 이용하여 슬러지의 농축에도 이용되고 있습니다. 수중에 미세한 거품을 발생시키기 위해서는 공기를 가압하여 일단 물만 용해시키고 나서 대기압으로 감압 개방합니다. 이와 같이 하여 고액분리를 하는 방법을 가압부상법이라 부르고 있습니다.

응집침전과 가압부상법은 용도에 따라 사용을 구분한다

일반적으로 가압부상법에 의해 얻어지는 처리수의 청정도는 응집침전법에 비해 다소 부족합니다. 그 주요 이유는 응집기구의 차이에 있고, 응집침전에서는 조대화한 플록(floc)을 깨지 않고 분리할 수 있는 것에 비해 가압부상법에서는 가압수와 원수를 혼합할 때에 일부의 플록(floc)에는 기포가 부착하지 않는 경우가 많기 때문입니다. 다만 응집침전에서는 장치 안에서 1~2시간 이상의 체류시간을 필요로 하는 것에 비해, 가압부상법에서는 15~30분으로 충분한 것에 큰 이점이 있습니다. 가압부상법은 예를 들어 조류를 포함하는 용수 등, 발생하는 응집 플록이 가볍고 적으며, 응집침전법에서는 안정적으로 처리할 수 없을 때의 용수 전처리에 많이 채용되고 있습니다.

용어해설 **감압개방** : 가압한 후에 대기압으로 감압하고 가압상태에서 용해하고 있던 기체를 석출시키는 상태를 말합니다.

가압부상의 시스템

수중의 현탁물질을 미세한 기포에 부착시켜 제거합니다.

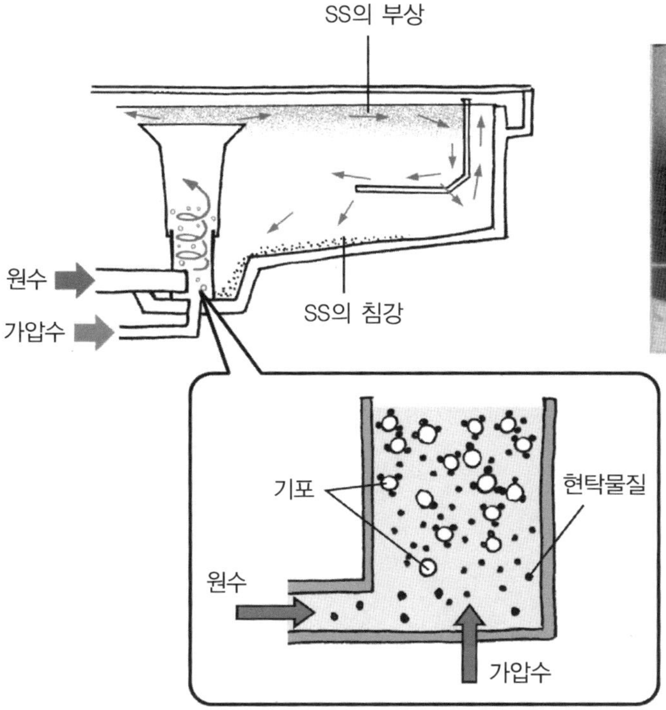

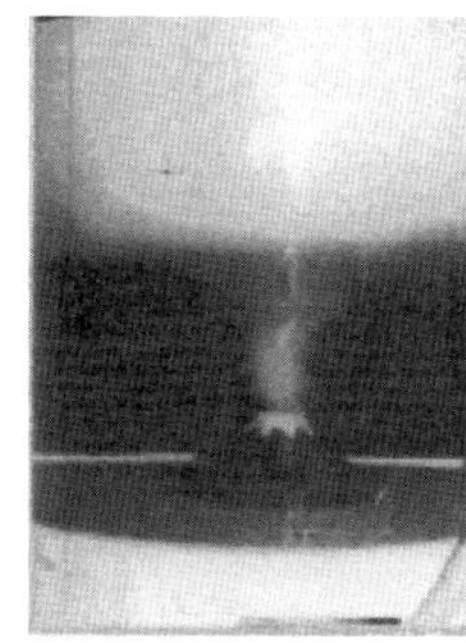

SS의 부상
원수
가압수
SS의 침강
기포
현탁물질
원수
가압수

기포발생장치

물은 15℃에서 약 2%의 공기를 녹이지만, 압력을 걸면 이것이 더욱더 증가합니다. 그리고 이것을 대기압으로 개방하면 녹고 있던 공기는 미세한 기포가 되어 나옵니다.

현탁물질과 기포의 부착 타입

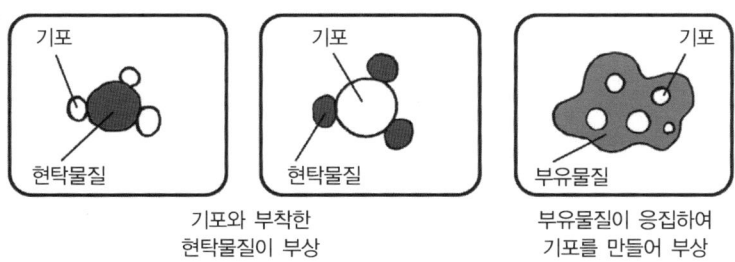

기포
현탁물질
기포
현탁물질
기포
부유물질

기포와 부착한 현탁물질이 부상

부유물질이 응집하여 기포를 만들어 부상

Check Point

- 현탁물질을 기포에 접착시켜 제거하는 것이 부상 분리입니다.
- 공기를 가압하여 물로 용해시키면서 대기압으로 되돌리면 미세한 기포가 발생합니다.

8. 중금속을 포함한 배수의 처리방법

지금까지 일반적인 오탁물질의 분리방법을 소개하였지만 여기에서는 배수 중에 존재하는 개별의 유기물질의 처리에 대해 알아봅니다.

공장 배수 중에 포함되는 중금속은 독성이 강한 것이 많고 이들은 미소량이더라도 반복하여 섭취하면 체내에 누적되어 중독증상을 일으킵니다. 공해병으로 잘 알려져 있는 수전병은 유기 수은 독, 이타이이타이병은 카드뮴이 원인입니다. 그래서 환경기본법에서는 유해물질로 지정된 중금속에 대해서는 엄격한 배수기준이 적용되고 있습니다. 중금속은 일반적으로 알칼리 침전법, 공침법, 황화물법 등의 응집침전법으로 처리되지만 그 외에 이온교환수지법, 막분리법, 염화환원법, 전기분해법 등의 처리법이 있습니다.

금속 이온을 수산화물로 만들어서 침전시킨다

중금속 처리에서 가장 일반적으로 이용되는 것이 알칼리 침전법입니다. 대부분의 중금속이 가성나트륨나 소석회 등의 알칼리와 반응하여 수산화물로 되어 침전하는 원리를 응용하고 있습니다.

이 방법이 가장 넓게 채용되고 있는 것은 ① 최적의 pH, 처리도달값의 이론계산이 용이 ② pH계에서 약주입 제어가 가능 ③ 사용약품을 싼 가격으로 어디에서든 쉽게 입수할 수 있는 점 등의 이유에 있습니다.

또한 다른 금속이 수중에 동시에 존재하면, 처리대상 중금속이 이론상의 pH보다 1~2 낮은 영역에서 침전하는(이것을 공침현상이라 부름) 경우가 있고, 이 현상을 적극적으로 이용한 처리방법이 공침법입니다. 여기에 이용되는 공침제에는 일반적으로 염화제2철, 황산제1철이나 알루미늄염(PAC, 황산알루미늄) 등 독성이 낮은 금속이 사용됩니다. 더욱이 중금속은 가장 낮은 농도로 되기까지 처리할 수 있는 방법이 황화물법이고 중성영역에서의 처리가 가능합니다. 고분자 중금속 포집제의 개발에 의해 최근에는 적용 예가 많아지고 있습니다.

용어해설 **중금속** : 밀도가 비교적 큰 금속이고 일반적으로 $4.0g/cm^3$ 이상인 것을 말합니다.

금속이온의 용해도와 pH의 관계

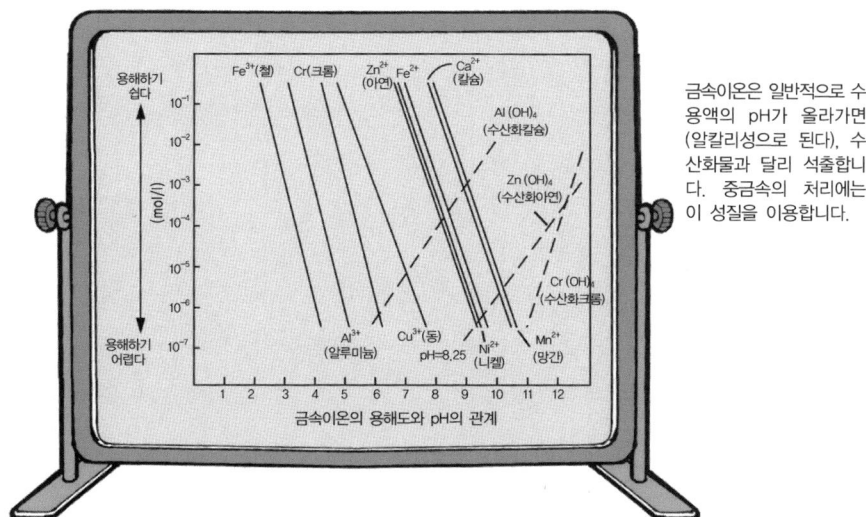

금속이온은 일반적으로 수용액의 pH가 올라가면(알칼리성으로 된다), 수산화물과 달리 석출합니다. 중금속의 처리에는 이 성질을 이용합니다.

알칼리 침전법의 흐름

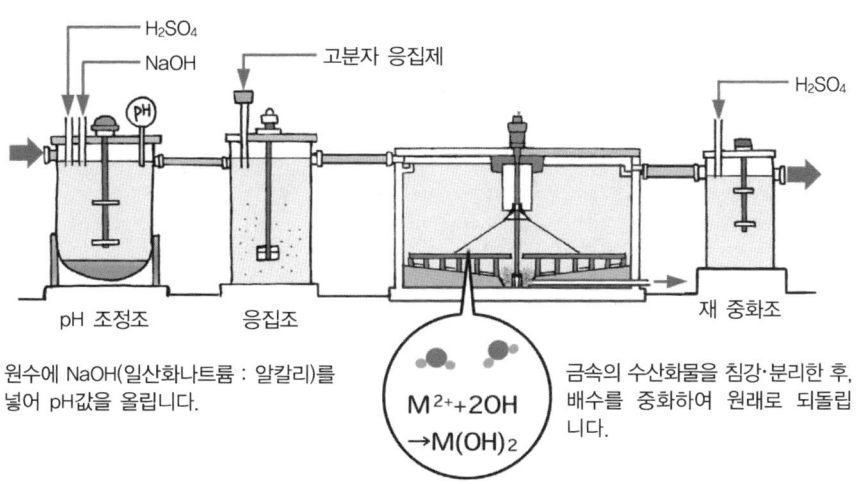

원수에 NaOH(일산화나트륨 : 알칼리)를 넣어 pH값을 올립니다.

$$M^{2+} + 2OH \rightarrow M(OH)_2$$

알칼리의 상태에서 금속은 수산화물로 되어 석출합니다.

금속의 수산화물을 침강·분리한 후, 배수를 중화하여 원래로 되돌립니다.

- 중금속의 처리에서는 알칼리 침전법, 공침법, 황화물법 등 다양한 방법이 이용됩니다.
- 가장 일반적인 알칼리 침전법은 금속이 알칼리와 반응하여 수산화물이 되는 원리를 이용합니다.

9. 치환법에 의한 중금속 착화합물의 처리

전자부품 제조 등의 첨단산업 공장에서는 중금속을 포함한 배수가 발생합니다. 그 때문에 이들을 선택적으로 제거해야만 합니다. 배수 중에 포함되는 중금속 이온은 단독의 이온이 아니라 다른 화합물과 결합하고 있는 경우가 많아지게 됩니다. 이들을 착화합물이라 부르며, 착화합물 중에서도 킬레이트라고 불리는 형태를 형성하고 있는 경우에는 특히 안정적입니다.

중금속이 킬레이트 결합을 하고 있는 경우, 알칼리를 첨가하는 것만으로는 수산화물 등의 형태로 하여 침전물로 하는 것이 가능하지 않고, 알칼리침전법에서는 처리가 곤란합니다. 그 때문에 이들의 처리에는 치환법이라고 불리는 방법을 이용합니다. 이것은 무해한 제3의 화합물을 첨가하여, 킬레이트라 하고 있는 중금속과 치환시키는 것으로 자유롭게 된 중금속을 수산화물로 만들어 알칼리를 침전시키는 것입니다.

치환방법에는 Fe+Ca법과 Mg법이 있으며, Fe+Ca법은 철염과 칼슘염을 2단계로 반응시킵니다. 또한, Mg법은 마그네슘염 단독으로 치환하는 방법입니다.

각각의 반응식은 다음 페이지와 같습니다.

킬레이트 중금속의 다양한 처리법

이 외에 킬레이트화한 중금속 분리방법에는 산화분리법이 있습니다. X·M으로 표시되는 착화합물 중의 킬레이트화제를 산화 분해하는 것으로 금속을 이온으로 하여 몰아낸 후, 수산화물로써 침전처리하는 것입니다.

이 경우 염소나 과망간산칼륨 등의 화학약품으로 분해하는 방법과 미생물 처리로 분해하는 방법이 있습니다. 후자는 농도가 낮은 경우에 이용되고 있습니다. 흡착이라고 불리는 방법도 실용화되어 있습니다. 일반적으로는 활성탄이 이용되며 X·M의 킬레이트 화합물인 채로 흡착시킵니다. 또한 활성탄 대신에 킬레이트 수지를 이용하는 방법도 있고, 이 경우에는 R·Na+X·M에서 R·M+NaX의 반응에 의해 중금속만을 흡착시킵니다.

용어해설 **킬레이트** : 금속이온을 특이한 이온결합(금속원자를 끼우는 것처럼 배위)을 하여 금속이온을 안정시키는 물질입니다.

Fa+Ca법의 흐름

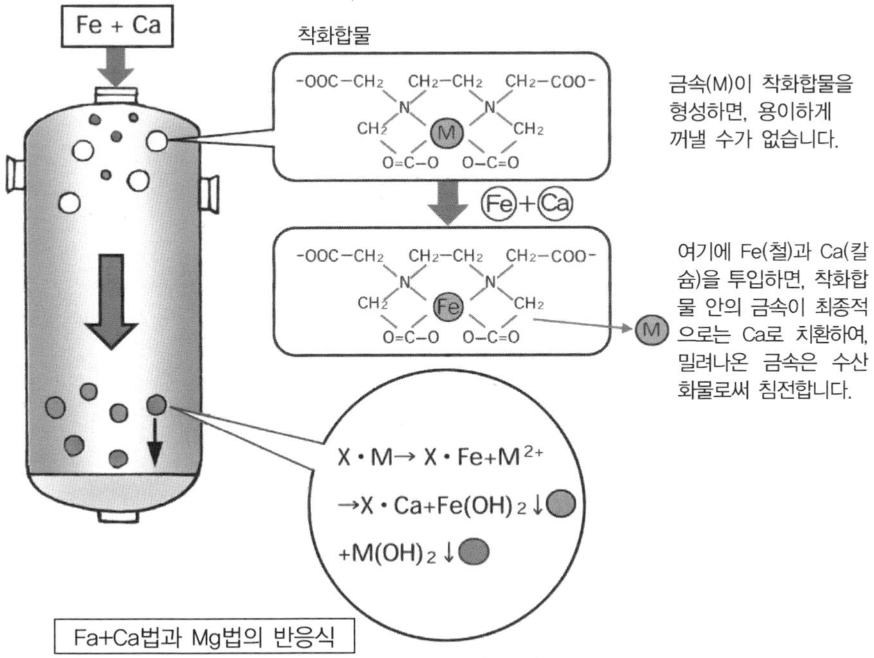

Fe + Ca

착화합물

$$-OOC-CH_2 \quad CH_2-CH_2 \quad CH_2-COO-$$
$$N \qquad\qquad N$$
$$CH_2 \quad (M) \quad CH_2$$
$$O=C-O \quad O-C=O$$

금속(M)이 착화합물을 형성하면, 용이하게 꺼낼 수가 없습니다.

Fe + Ca

$$-OOC-CH_2 \quad CH_2-CH_2 \quad CH_2-COO-$$
$$N \qquad\qquad N$$
$$CH_2 \quad (Fe) \quad CH_2$$
$$O=C-O \quad O-C=O$$

여기에 Fe(철)과 Ca(칼슘)을 투입하면, 착화합물 안의 금속이 최종적으로는 Ca로 치환하여, 밀려나온 금속은 수산화물로써 침전합니다.

$$X \cdot M \rightarrow X \cdot Fe + M^{2+}$$
$$\rightarrow X \cdot Ca + Fe(OH)_2 \downarrow$$
$$+ M(OH)_2 \downarrow$$

Fa+Ca법과 Mg법의 반응식

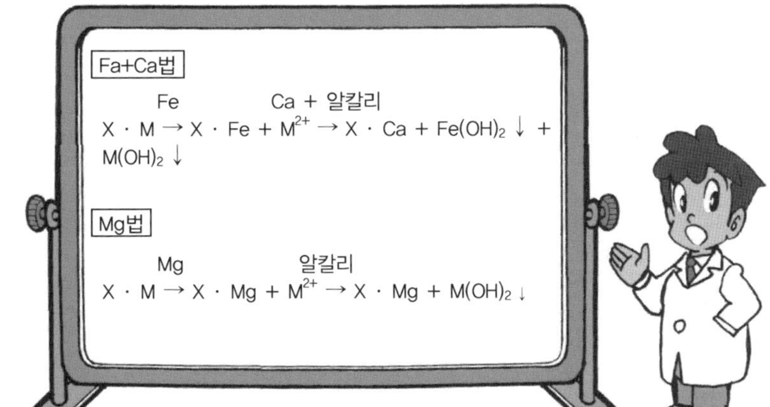

Fa+Ca법

$$\begin{array}{cc} Fe & Ca + 알칼리 \end{array}$$
$$X \cdot M \rightarrow X \cdot Fe + M^{2+} \rightarrow X \cdot Ca + Fe(OH)_2 \downarrow + M(OH)_2 \downarrow$$

Mg법

$$\begin{array}{cc} Mg & 알칼리 \end{array}$$
$$X \cdot M \rightarrow X \cdot Mg + M^{2+} \rightarrow X \cdot Mg + M(OH)_2 \downarrow$$

Fe+Ca법과 Mg법, 어느 쪽도 착화합물 안의 금속과 치환하는 것으로 금속을 수산화물의 형태로 하여 침전시킵니다.

Check Point
- 중금속이 안정한 킬레이트를 형성하고 있는 경우는 치환법을 이용합니다.
- 킬레이트 내의 중금속을 다른 금속으로 치환하는 것이 치환법입니다.

10. 불소를 함유한 배수의 처리방법

불소는 전자공업, 유리가공공법, 에칭공정에서 다량으로 사용되어 이들 공장에서 배출되는 배수에 포함됩니다. 불소는 원래 자연계에 넓게 존재하는 원소이고, 담수 중에는 0.1~0.2mg/L, 해수에서는 1.2~1.4mg/L 정도가 불화물(F^-)이나 케이 불화물(SiF_6^{2-})의 화합물의 형태로 존재합니다. 그러나, 불소를 함유하는 음료수를 장시간 섭취하면 치아에 갈색의 점과 흰반점이 나오는 반상균의 발생이나 골격 불소 중독증의 만성 중독병이 일어납니다. 그 때문에 일본의 배수기준에서는 8mg/L, 수돗물 기준에서는 0.8mg/L의 수질기준이 설정되어 있습니다.

가장 일반적인 불소 처리방법에는 불화칼슘법이 있습니다. 불소함유 배수에 소석회, 염화칼슘 등의 칼슘화합물을 첨가하고, 불화칼슘으로써 침전시키는 방법입니다.

2단 침전법으로 불소제거를 완전하게

이론상으로 보여지는 불화칼슘법의 처리도달값은 8mg/L이지만, 실제의 처리값은 15~25mg/L가 일반적입니다. 그 원인은 침전하기 어려운 클로이드 형상의 CaF_2가 발생하기 때문입니다. 그래서 불소를 8mg/L 이하로 하기 위해, 불소 함유배수의 처리에서는 2단침전법이 일반적으로 사용됩니다.

1단째의 불화칼슘법에 보태어져 2단째에는 PAC 또는 황산알루미늄 등의 알루미염을 사용하고, 불소를 알루미늄과 반응시킵니다. 다만 이 경우 불소와 알루미늄의 화합물은 다시 물에 녹을 가능성이 있기 때문에 알루미늄을 과잉으로 첨가함으로써 수산화 알루미늄에 흡착되어 완전한 제거를 목적으로 합니다. 이 방법에서는 중량비로 알루미늄을 불소의 2배 이상으로 하면 알루미늄 염의 첨가량에 따라 임의의 값까지 불소를 처리하는 것이 가능합니다.

용어해설 에칭 : 금속 등의 표면을 화학 처리하여 용해시키는 것입니다. 에칭공정은 반도체의 부품제조에서는 필수공정입니다.

2차 침전법에 의한 불소의 제거

불소를 칼슘과 결합시켜 불화칼슘으로 침전시킨 후, 알루미늄과 결합시키는 것으로써, 완전한 제거를 목적으로 합니다.

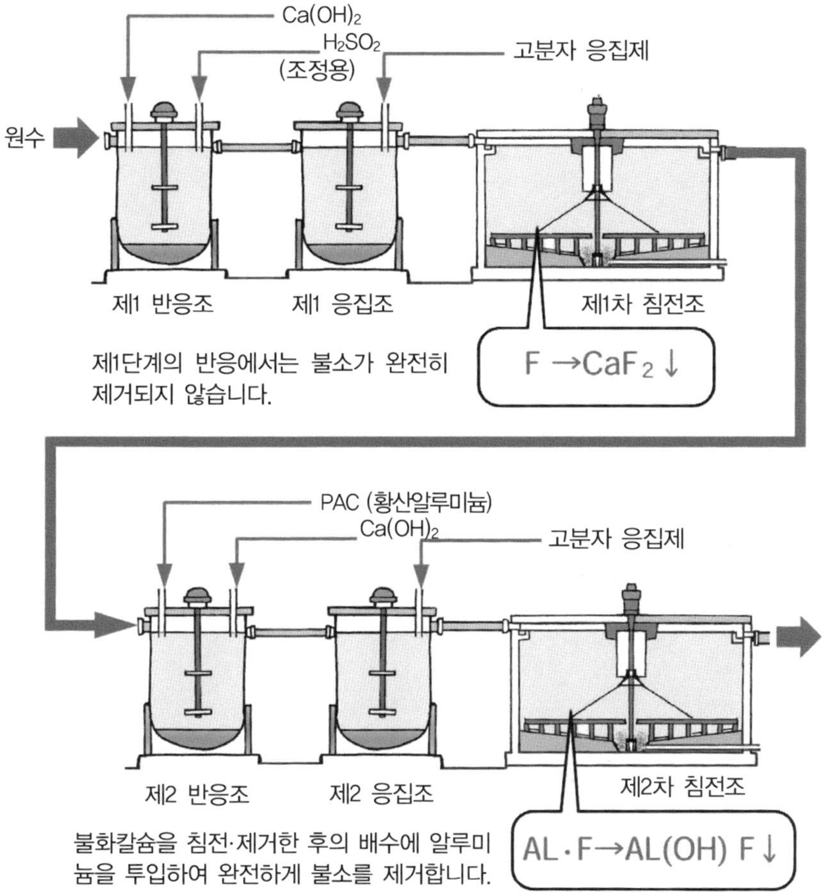

Ca(OH)$_2$
H$_2$SO$_2$
(조정용)
고분자 응집제

원수

제1 반응조   제1 응집조   제1차 침전조

제1단계의 반응에서는 불소가 완전히 제거되지 않습니다.

$$F \rightarrow CaF_2 \downarrow$$

PAC (황산알루미늄)
Ca(OH)$_2$
고분자 응집제

제2 반응조   제2 응집조   제2차 침전조

불화칼슘을 침전·제거한 후의 배수에 알루미늄을 투입하여 완전하게 불소를 제거합니다.

$$AL \cdot F \rightarrow AL(OH) \, F \downarrow$$

$$Ca^{2+} + 2F^- \rightarrow CaF_2 \downarrow \quad \Longrightarrow \quad F^- \xrightarrow{Al^{3+}} Al \cdot F \xrightarrow{Al^{3+}} NaOH \xrightarrow{OH^-} [Al(OH)_3] \, n \cdot F$$

2단계의 반응에서 불소는 거의 완전하게 제거됩니다. 다만, 이 방법은 불소가 희박한 배수에 이용되고, 농후한 배수의 처리에는 다음 페이지의 CaF$_2$ 회수장치가 이용됩니다.

Check Point

• 불소는 불화칼슘의 형태로 만들어 침전시킵니다.
• 불소를 함유하는 배수의 처리에서는 2단침전법이 일반적입니다.

11. 반도체 공장 등에서 CaF₂를 효율적으로 회수하는 장치

반도체 공장에서는 그 제조공정상 불소화합물을 함유하는 용액이 세정용으로 많이 사용되고 있습니다. 이러한 배수는 앞 페이지에서 소개한 것처럼 수산화칼슘염 등을 이용한 응집침전법에 의해 처리되고 있지만 그때에 대량의 슬러지와 산업폐기물을 배출한다는 문제가 있습니다.

이러한 문제를 해결하기 위하여 그 슬러지를 큰 폭으로 저감함과 동시에 유용한 자원인 불소를 재이용하는 기술인 CaF_2 회수장치가 개발되었습니다. 입자형상의 탄산칼슘과 불소를 함유한 배수가 반응하는 것을 이용하여 입자형상의 불화칼슘으로 만드는 방법입니다. 구체적으로는 탄산칼슘을 충진한 반응탑에 원수를 액체로 통과시키면 불소는 탄산이온과 치환반응하고 CaF_2로써 제거됩니다.

이 반응은 탄산칼슘 입자 표면에서 층 형상으로 내부로 진행하며, 반응 전의 크기나 형태를 바꾸지 않고 입자가 모두 불화칼슘으로 됩니다.

3개의 탑 구성으로 불소회수

배수는 순환조에서 입자형상의 탄산칼슘($CaCO_3$)을 충진한 반응 탑을 통하지만 일반적으로 반응조는 3개의 탑이 설치되어 있습니다. 이 경우 통수에 의해 불화칼슘에 거의 완전하게 치환한 1번 탑의 충진 물을 빼내고, 새롭게 탄산칼슘을 충진합니다. 그리고 이번에는 이것을 3번 탑으로 합니다.

결국 교체 후의 통수는 교체 전의 2번 탑이 1번 탑, 3번 탑이 2번 탑의 순서로 되고, 항상 새로운 탄산칼슘 충진탑이 가장 후단으로 오기 때문에 처리수의 수질이 좋아지며, 또한 가장 앞단에서 회수되는 불화칼슘의 순도도 높아지도록 되어 있습니다. 이렇게 생성한 불화칼슘은 세정수로 분리를 하는 것만으로 함수율은 15% 정도로 지극히 낮아지고, 응집침전 처리의 경우에 필요한 슬러지의 탈수가 불필요하게 되고 종래에 비해 슬러지 발생량은 총 3분의 1이 됩니다.

용어해설 **순환조** : 반복하여 사용되는 액체를 저류하는 수조를 말합니다.

불소 회수장치의 시스템과 장점

입자형상의 $CaCO_3$를 충진한 3단 구성의 반응조에 불소를 함유한 배수를 통하게 합니다.

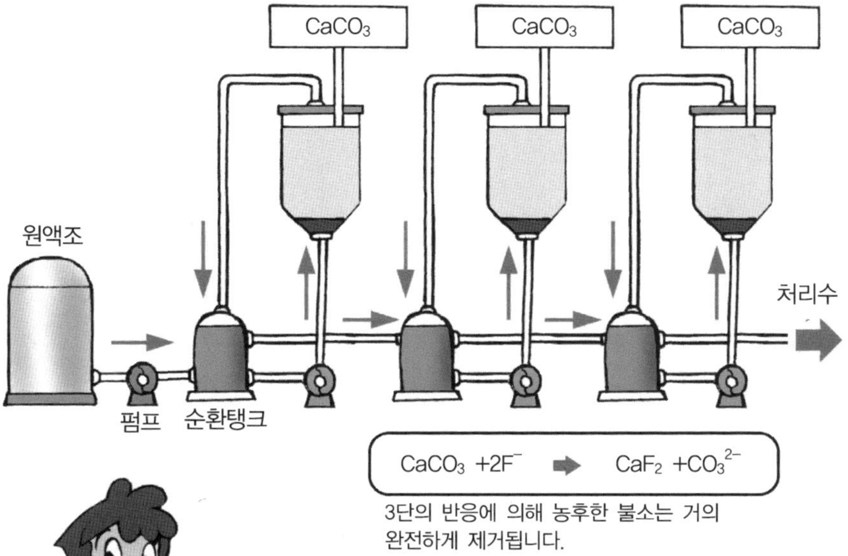

원액조

CaCO₃   CaCO₃   CaCO₃

처리수

펌프   순환탱크

$$CaCO_3 + 2F^- \rightarrow CaF_2 + CO_3^{2-}$$

3단의 반응에 의해 농후한 불소는 거의 완전하게 제거됩니다.

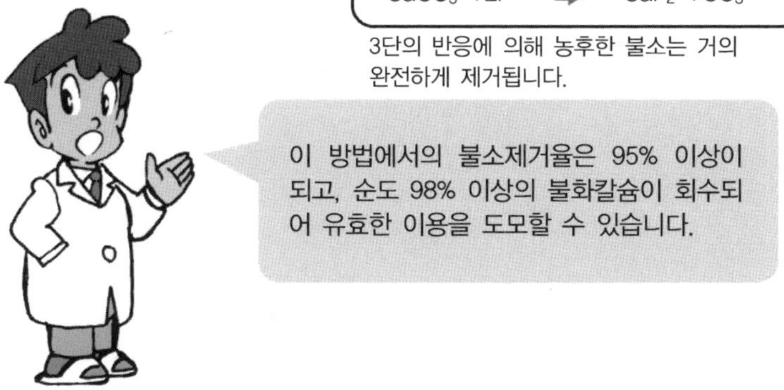

이 방법에서의 불소제거율은 95% 이상이 되고, 순도 98% 이상의 불화칼슘이 회수되어 유효한 이용을 도모할 수 있습니다.

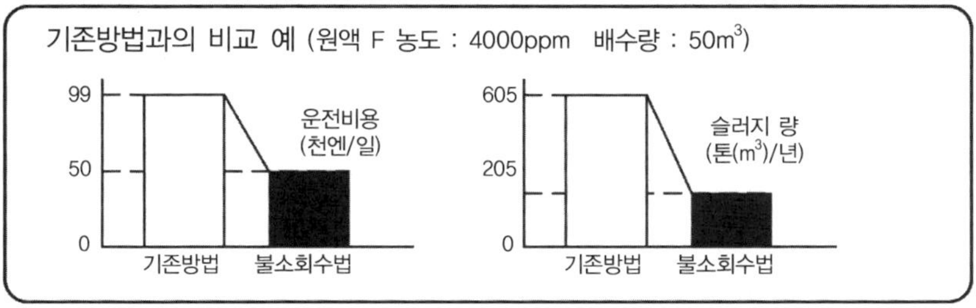

기존방법과의 비교 예 (원액 F 농도 : 4000ppm   배수량 : 50m³)

99
50
0
기존방법   불소회수법

운전비용
(천엔/일)

605
205
0
기존방법   불소회수법

슬러지 량
(톤(m³)/년)

Check Point
- 불소처리의 슬러지를 절감하여 자원의 재이용을 도모하는 것이 CaF_2 회수장치입니다.
- 3탑 구성의 반응조에서 불소를 버리는 것 없이 회수합니다.

12. 위험한 중금속 6가 크롬의 처리방법

위험한 중금속으로 알려져 있는 크롬은 산업계에서는 크롬산이라 불리는 액체의 상태로 이용되고 있습니다. 크롬산이 함유되는 배수를 그대로 방류하는 것은 불가능하고 처리해야만 합니다. 다만 크롬산 중의 크롬은 전자를 6개 잃어버린 상태의 $Cr6^+$로써 나타납니다. 그리고 그 독성이 강한 6가 크롬은 다른 중금속과는 달리 수산화물로 되지 않습니다. 결국 그대로는 침전분리하는 것이 불가능합니다. 그래서 환원제를 사용하여 6가 크롬을 3가 크롬으로 만듭니다. 이 3가 크롬은 다른 중금속과 마찬가지로 알칼리제의 첨가에 의해 수산화칼슘으로써 침전제거하는 것이 가능합니다.

환원제로서의 반응은 pH 조정이 필요하다

6가 크롬을 함유하는 배수는 환원조, 중화조, 응집조, 침전조의 순서로 처리되지만 6가 크롬을 3가 크롬으로 하는 환원제에는 일반적으로 아황산나트륨가 황산 제1철로 이용됩니다. 그중에 아황산나트륨에 의한 환원반응은 OPR(산화환원전위)계에 의해 감시됩니다. 다만 OPR계는 산성영역밖에 반응하지 않기 때문에 약품주입과 동시에 산을 주입하여 pH값을 제어할 필요가 있습니다.

한편 황산제1철에 의한 환원법은 DO(용존산소)계에 의해 제어됩니다. 투입한 황산제1철이 산소를 소비하여 제3철로 될 때의 DO값의 변화, 즉 과잉의 황산제1철이 DO와 반응하고, DO의 소비가 일어나는 점을 가지고, 산세척 공정을 가지는 공장에서는 폐액이 환원제로서 사용 가능합니다. 6가 크롬과 중아황산 나트륨의 반응식은 다음과 같습니다.

$$4H_2CrO_4 + 6NaHSO_4 + 3H_2SO_4 \rightarrow 2Cr_2(SO_4)_3 + 3Na_2SO_4 + 10H_2O$$

용어해설 **크롬산** : 강력한 산화제이고, 크롬산 칼리, 중크롬산 나트륨 등이 있습니다.

환원법에 의한 6가 크롬 처리의 흐름

6가 크롬을 3가 크롬으로 환원하여 수산화물로 만듭니다.

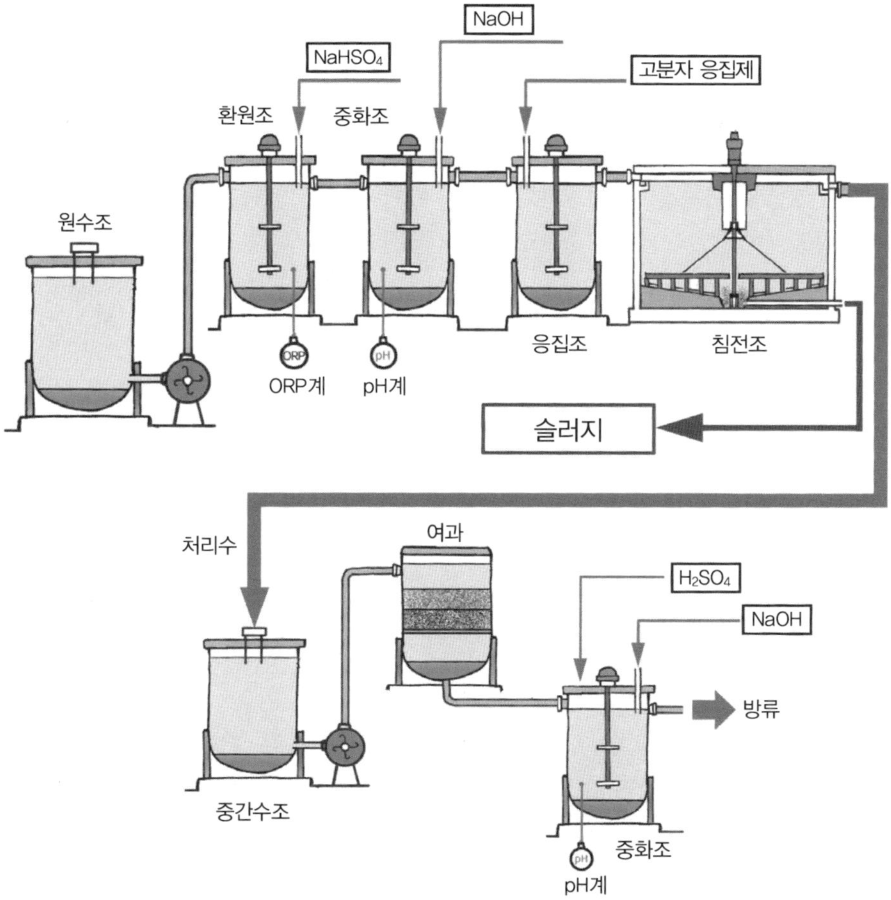

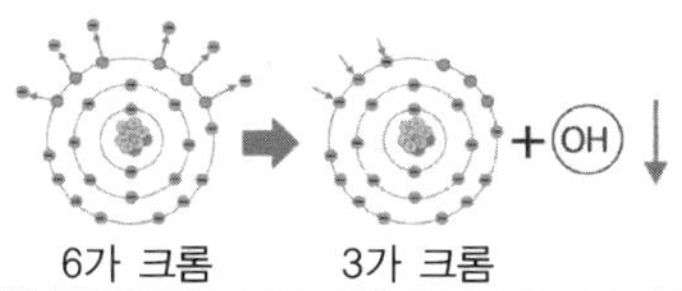

NaOH

NaHSO₄

고분자 응집제

환원조   중화조

원수조

ORP계   pH계   응집조   침전조

슬러지

처리수   여과

H₂SO₄

NaOH

방류

중간수조

중화조

pH계

6가 크롬   3가 크롬 +(OH)↓

수중의 크롬이온은 6가의 형태로 되어 있고, 이대로는 수산화물로 되지 않습니다. 그래서, 6가를 3가로 환원하면 수산화물이 되어 석출한 뒤에, 침전처리하는 것이 가능해집니다.

Check Point
- 수중의 크롬은 독성이 강한 6가 크롬의 형태로 존재하고 있습니다.
- 6가 크롬은 3가 크롬으로 만든 후에 침전분리시킵니다.

13. 티안 처리로
대표적인 알칼리 반응법

도금 등에 사용되는 티안은 독성이 강한 물질입니다. 그 치사량은 KCN의 화합물(시안화 칼슘 : 청산가리)의 경우 약 200mg 정도입니다. 따라서 티안을 함유하는 배수에는 환경기준값에서 0.1mg/L, 배수기준값에서는 1mg/L라고 하는 엄격한 수질기준 값이 적용되고 있습니다.

다만 배수기준 값은 1mg/L이지만 맹독, 독극물의 이미지가 정착하고 있는 것도 있고 티안을 배출하는 사업자는 규제에 의해 환경기준, 혹은 그것 이하의 기준값을 설정하여 배수하는 것이 보통입니다. 그 때문에 각각의 공장에서 다른 배수와 구별하여 독자적인 설비로 처리되고 있습니다. 티안 함유 배수는 일반적으로 알칼리염소법으로 처리되지만 알칼리염소법에서는 처리할 수 없는 티안 화합물이 존재하여 처리를 복잡하게 만들고 있습니다. 여기에서는 우선 티안 함유 처리기술로서 가장 오래전부터 존재했고 현재에도 대표적인 처리기술로 알려져 있는 알칼리염소법을 소개합니다.

2단계로 분리하는 알칼리염소법

티안은 탄소(C)와 질소(N)의 화합물이기 때문에 최종적으로는 CO_2나 N_2의 형태로 분리가 가능합니다. 그 때문에 티안의 분리는 산화반응으로 이루어지고 산화제로 차아염소산 나트륨이 사용됩니다. 그 반응은 모든 단계에서 염소가 작용하여 $CN^- \rightarrow CNCl \rightarrow CNO^- \rightarrow CO_2+N_2$로 됩니다. 그중에서 $CN^- \rightarrow CNCl$(염화시안)의 반응은 pH 값에 관계없이 진행합니다. CNCl은 티안의 1/10 정도의 독성을 가지는 휘발성물질이고 중성에서는 안정하고 있지만 알칼리성에서는 가수분해하여 CNO^-(티안산)으로 됩니다. 한편 CNO^-는 중성이 아니면 분해할 수 없습니다. 이 때문에 알칼리염소 처리법에서는 2단 분해가 적용되고 다음 페이지와 같이 최종적으로 무독화됩니다.

용어해설 **가수분해** : 화합물(염소)이 물과 반응하여 산과 염기로 분해되는 현상입니다.

알칼리염소법에 의한 티안 처리의 흐름

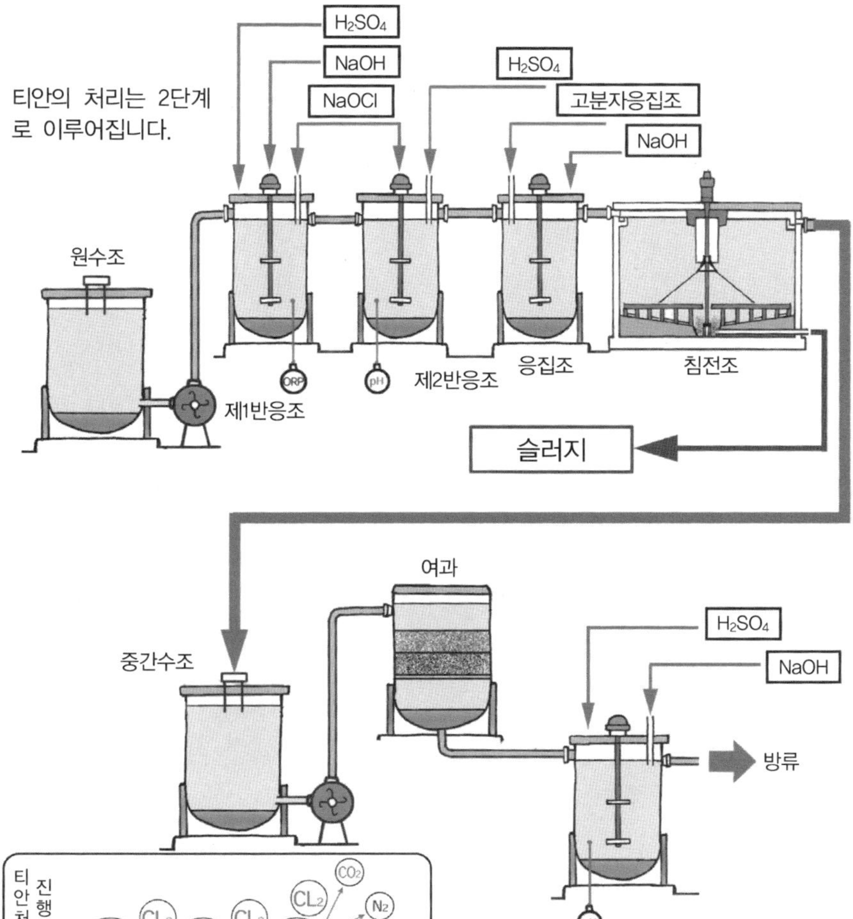

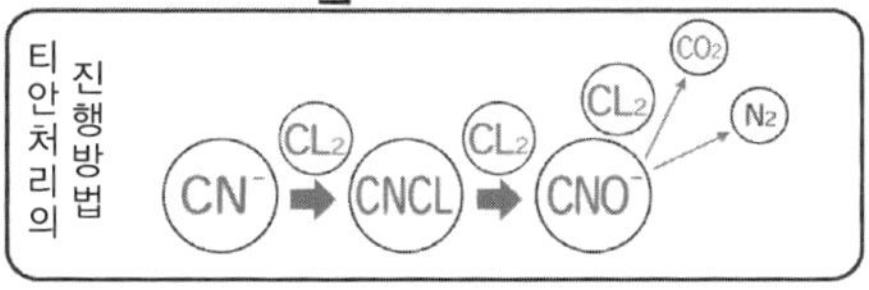

티안의 처리는 2단계
로 이루어집니다.

H₂SO₄

NaOH

NaOCl

H₂SO₄

고분자응집조

NaOH

원수조

제1반응조   제2반응조   응집조   침전조

슬러지

여과

중간수조

H₂SO₄

NaOH

방류

티안처리의 진행방법

CN^- → $CNCL$ → CNO^-

CL_2 CL_2 CL_2 CO_2 N_2

1단반응 : pH 10 이상
    NaCN + NaClO + NaCNO + NaCl
2단반응 : pH 7~8
    $2NaCNO + 3NaClO + H_2O \rightarrow N_2 + 3NaCl + 2NaHCO_3$
        ($NaHCO_3 \rightarrow NaOH + CO_2$)

이들을 정리하면 티안은
$2NaCN + 5NaClO + H_2O \rightarrow N_2 + 5NaCl + 2NaHCO_3$
로 됩니다. 최종적으로는 CO_2와 N_2는 분리되어 무독화됩니다.

• 독성이 강한 티안은 알칼리염소법으로 처리합니다.
• 티안은 이산화탄소와 질소가스로 분해되고, 무독화됩니다.

14. 난분해성 착염의 응집처리

이미 염소법에서는 처리할 수 없는 티안이 있다고 기술하였지만 그러한 티안은 다른 금속과 착염을 형성하고 있습니다. 이 착염에는 철 티안 착염, 금 티안 착염이 있고, 이들은 거의 분해할 수 없습니다. 또한 니켈 은과의 착염도 분해성이 어려운 것으로 알려져 있습니다.

이들의 처리는 다른 금속과의 난용화 반응을 이용합니다. 예를 들어 난분해성으로 대표적인 철 티안 착염은 제1철을 사용한 감청법(紺靑法)이라 불리는 방법으로 난용화합니다. 다만 감청법은 철티안 착염에 대해서만 효과가 있기 때문에 단독으로 존재하는 티안이나 분해성이 좋은 티안착염을 알칼리염소법으로 분해한 후에 이용됩니다. 이 반응은 다음과 같습니다.

$$2Fe(CN)_6^{3-} + 3Fe^{2+} \rightarrow Fe_3[Fe(CN)_6]_2 \downarrow$$
$$Fe(CN)_6^{4-} + 2Fe^{2+} \rightarrow Fe_2[Fe(CN)_6] \downarrow$$
$$3Fe(CN)_6^{4-} + 4Fe^{3+} \rightarrow Fe_4[Fe(CN)_6]_3 \downarrow$$

철 티안 착염 이외의 티안도 처리할 수 있는 환원동염법

최근에는 감청법 이외에 동이나 아연을 사용하는 방법(환원동염법)도 이용되고 있습니다. 이 방법은 환원제와 함께 동염을 첨가하여 티안의 난용해성의 염을 생성시켜 이것을 응집·침전 분리하는 방법입니다. 환원제에는 아황산염, 동염은 황산염을 사용합니다. 철 티안착염뿐만 아니라, 유리 티안이나 이분해성 티안 착염도 처리하는 것이 가능하기 때문에 효과적인 티안 처리가 가능하게 됩니다. 반응식은 다음과 같습니다.

$$\overset{\text{환원제}}{\underset{\downarrow}{}}$$
$$CN + Cu^{2+} \rightarrow CuCN \downarrow$$

$$\overset{\text{환원제}}{\underset{\downarrow}{}}$$
$$Ni(CN)_4^{2-} + 4Cu^{2+} \rightarrow 4CuCN \downarrow + Zn^{2+}$$

$$\overset{\text{환원제}}{\underset{\downarrow}{}}$$
$$Fe(CN)_6^{3-} + 2Cu^{2+} \rightarrow Cu_2[Fe(CN)_6] \downarrow$$

용어해설 **난용해성염** : 물에 녹기 어려운 화합물입니다. 금속류의 처리에서는 고알칼리의 조건에서 진행하며, 수산화물과 같은 물에 녹기 어려운 화합물을 생성시켜 침강분리합니다.

환원염소법에 의한 티안 처리의 흐름

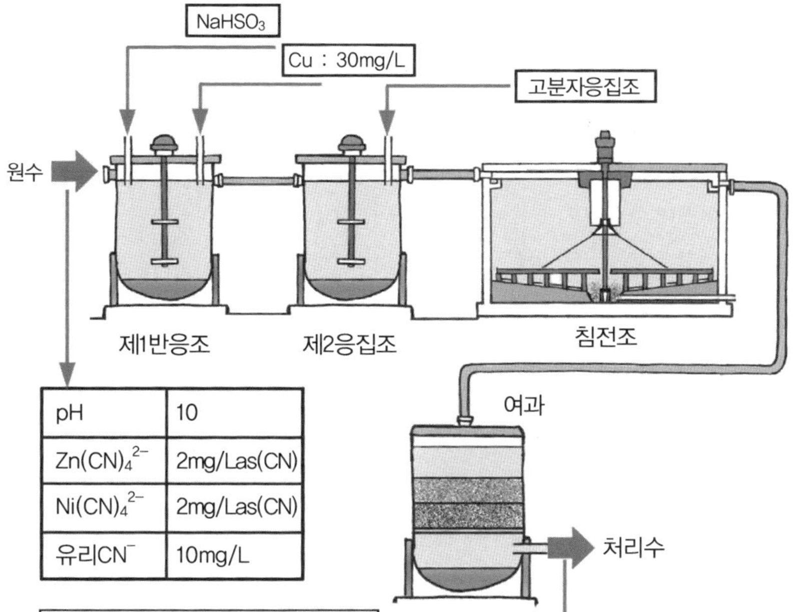

NaHSO₃

Cu : 30mg/L

고분자응집조

원수

제1반응조　　제2응집조　　침전조

여과

pH	10
$Zn(CN)_4^{2-}$	2mg/Las(CN)
$Ni(CN)_4^{2-}$	2mg/Las(CN)
유리 CN^-	10mg/L

처리수

난분해성 티안 착염처리의 진행방법

$$CN + Cu^{2+} \rightarrow CuCN \downarrow$$

$$Zn(CN)_4^{2-} + 4Cu^{2+} \rightarrow 4CuCN \downarrow + Zn^{2+}$$

$$Fe(CN)_6^{3-} + 2Cu \rightarrow Cu_2[Fe(CN)_6] \downarrow$$

pH	8.1
T-CN	0.015mg/L
Cu	2.9mg/L
Zn	0.9mg/L
Ni	1.1mg/L

착화합물을 형성한 난용해성의 티안 처리는 다른 금속으로 치환하는 치환법으로 처리합니다.

> **Check Point**
> - 감청법은 철 티안 착염밖에 적용할 수 없습니다.
> - 동염(銅鹽)과 환원제에 이용하는 방법은 프리 티안을 함유하여 전체의 티안 착염을 난용화(難溶化)할 수 있습니다.

15. 인을 함유한 배수의 처리법 ①
- 응집침전법

인은 질소와 함께 호수, 늪이나 폐쇄성 해역의 부영양화의 원인 물질입니다.

그 발생원인은 식품, 음료수 제조배수, 화학공장 배수, 도금배수, 반도체 부품제조 배수 외에 생활배수 등 여러 갈래입니다. 건강에 대한 직접적인 영향은 없지만 생물의 이상증식에 의한 농업, 어업으로의 영향, 경관의 열화, 그리고 음료수의 이상냄새 발생 등의 장해를 일으킵니다.

통상적으로 인은 수중에서 인산의 형태로 존재하고 있습니다. 인을 제거하는 방법에는 응집침전법이 가장 일반적입니다. 생물처리법을 사용하기도 합니다만 생물처리법에 대해서는 다음 장에서 소개하기로 하고 여기에서는 응집침전처리에 대해 알아보겠습니다.

인의 응집처리법에는 황산알루미늄이나 PAC(폴리염화알루미늄) 등의 알루미늄염 혹은 염화제2철 등의 철염과 반응시켜 금속염으로써 침전시키는 방법과 소석회나 염화칼슘과 반응시켜 알칼리측에서 칼슘염으로써 침전시키는 방법이 있습니다. 수중의 인산은 각각 $AlPO_4$(알루미늄염), $FePO_4$(철염), $Ca_5(PO_4)_3OH$(칼슘염)의 형태로 응집하여 침전합니다.

슬러지를 50% 줄이는 2단 중화법

고농도의 인산을 함유한 배수를 염화칼슘과 가성나트륨으로 중화반응시켜 인산칼슘의 침전물을 만들어 침전 분리하는 경우에 직접 중화하면 슬러지의 체적이 너무 많게 되어 침전조에서 분리할 수 없고, 현탁물질로써 처리수에 남겨지게 됩니다. 여기에 채용되는 것이 2단 중화법입니다.

1단째를 pH 5~6으로 조정하여 인산칼슘의 결정(아파타이트)을 생성하고 여기에서 80~90%의 인산이 슬러지가 되고, 다음에 2단째에서 pH 8~10으로 조정하면 나머지의 인산이 슬러지가 됩니다.

이 2단 중화법을 이용하면 최종적으로 슬러지의 체적은 50% 감소합니다.

앞 페이지의 HDS법을 적용하여 슬러지 감용화가 얻어집니다.

용어해설 **부영양화** : 생활배수 등의 유입으로 하천이나 호수의 부영양화가 높아지는 것으로, 식물 플랑크톤이 번식하여 적조 등이 생기는 현상입니다.

인의 응집침전법의 종류

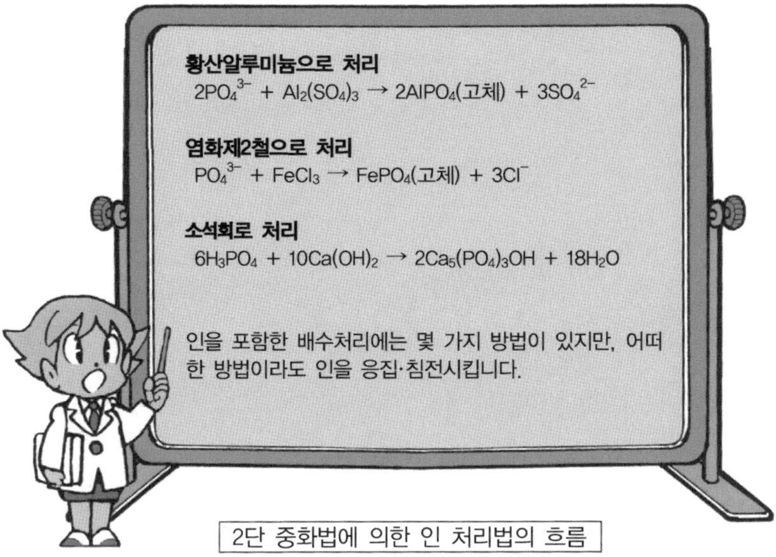

황산알루미늄으로 처리

$$2PO_4^{3-} + Al_2(SO_4)_3 \rightarrow 2AlPO_4(고체) + 3SO_4^{2-}$$

염화제2철으로 처리

$$PO_4^{3-} + FeCl_3 \rightarrow FePO_4(고체) + 3Cl^-$$

소석회로 처리

$$6H_3PO_4 + 10Ca(OH)_2 \rightarrow 2Ca_5(PO_4)_3OH + 18H_2O$$

인을 포함한 배수처리에는 몇 가지 방법이 있지만, 어떠한 방법이라도 인을 응집·침전시킵니다.

2단 중화법에 의한 인 처리법의 흐름

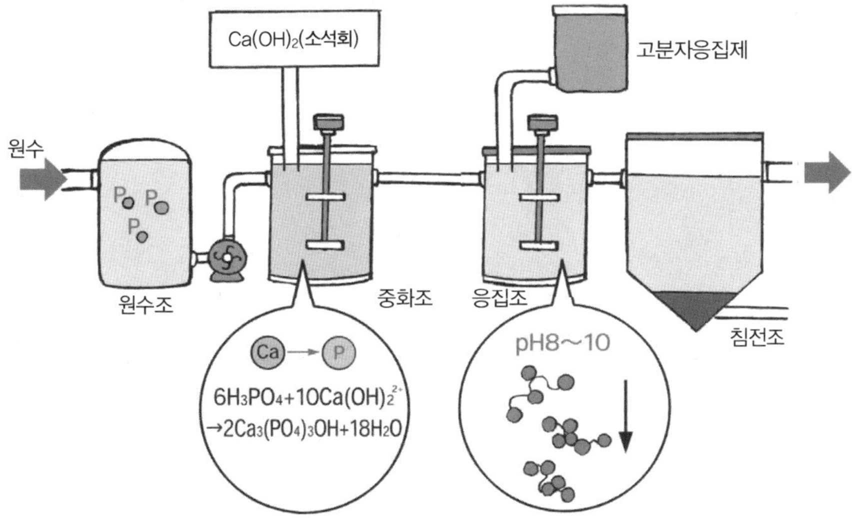

Ca(OH)₂(소석회)

고분자응집제

원수

원수조   중화조   응집조   침전조

Ca → P

$$6H_3PO_4 + 10Ca(OH)_2^{2-} \rightarrow 2Ca_3(PO_4)_3OH + 18H_2O$$

pH8~10

제1단째의 반응에서 인산칼슘의 결정이 만들어집니다. 다만, 물을 다량으로 포함하고 있기 때문에 슬러지의 체적이 커지게 됩니다.

pH를 8~10으로 하면, 농축된 인의 슬러지가 만들어집니다.

Check Point
- 인은 호수나 늪 등에서 발생하는 부영양화의 원인물질 중 하나입니다.
- 인 처리의 일반적인 방법은 응집침전법입니다.

16. 인을 함유한 배수의 처리법 ②
- MAP법

공장이나 하수처리장 등에서 처리된 인은 지금까지는 슬러지와 함께 매립되어 왔습니다. 그러나 인의 고갈이 심해지고 그 효율적인 회수 및 이용시스템의 확립이 요구되고 있습니다.

그래서 등장한 것이 MAP(Magnesium Ammonium Phosphate : 인산 마그네슘 암모늄)법입니다.

MAP법은 원래 축사 등의 배수에서 불용해성의 인산염이 배관을 막는 현상의 대책으로 연구되었습니다. 가축의 사료에는 고농도의 인산이온, 암모늄이온, 칼슘이온 등이 포함되어 있습니다만 이들의 물질은 분뇨와 함께 배출되어 시설의 트러블을 일으키는 원인이 됩니다. 그래서 4장에서 소개하는 미생물을 이용한 인 제거의 앞의 기술로써 MAP법이 개발된 것입니다.

예를 들어 하수처리장에서 슬러지를 탈수한 후의 물과 같이 고농도의 인을 함유하는 물은 그대로 방류할 수 없고 인을 완전히 제거할 필요가 있습니다. 그때에 MAP법은 지극히 유효한 수단이라고 생각됩니다.

회수한 인은 사료로 재이용

MAP법 반응의 원리는 과포화 용액 중에 그 물질의 종을 넣게 되면 표면에 결정이 석출하여 성장하는 원리에 기준하고 있습니다.

구체적으로는 인산을 함유하는 배수에 인산이온, 암모늄이온, 마그네슘이온 등을 넣어 pH를 알칼리로 조정합니다. 그렇게 되면 배수 중의 인은 인산, 마그네슘, 암모늄의 결정으로서 성장하기 때문에 이것을 회수하는 것이 가능하고 생성물은 인산 40%, 암모니아 7%, 마그네슘 10%를 함유하는 사료로 이용할 수 있습니다.

MAP법은 조성된 입자현상에 의해 수중의 인산이온을 제거하기 위한 미소결정의 석출을 억제할 수 있으며, 응집침전법과 같이 침전슬러지를 발생하는 일도 없고 인 제거를 할 수 있는 점에서 획기적인 방법이라 할 수 있습니다.

> **용어해설** **과포화용액 :** 어느 물질을 어느 조건하에서 용액 중에 포화용해도 이상으로 용해하고 있는 상태입니다.

하수처리장에서의 인 처리에 사용되는 MAP법

일반적인 하수처리장에서의 처리공정입니다.

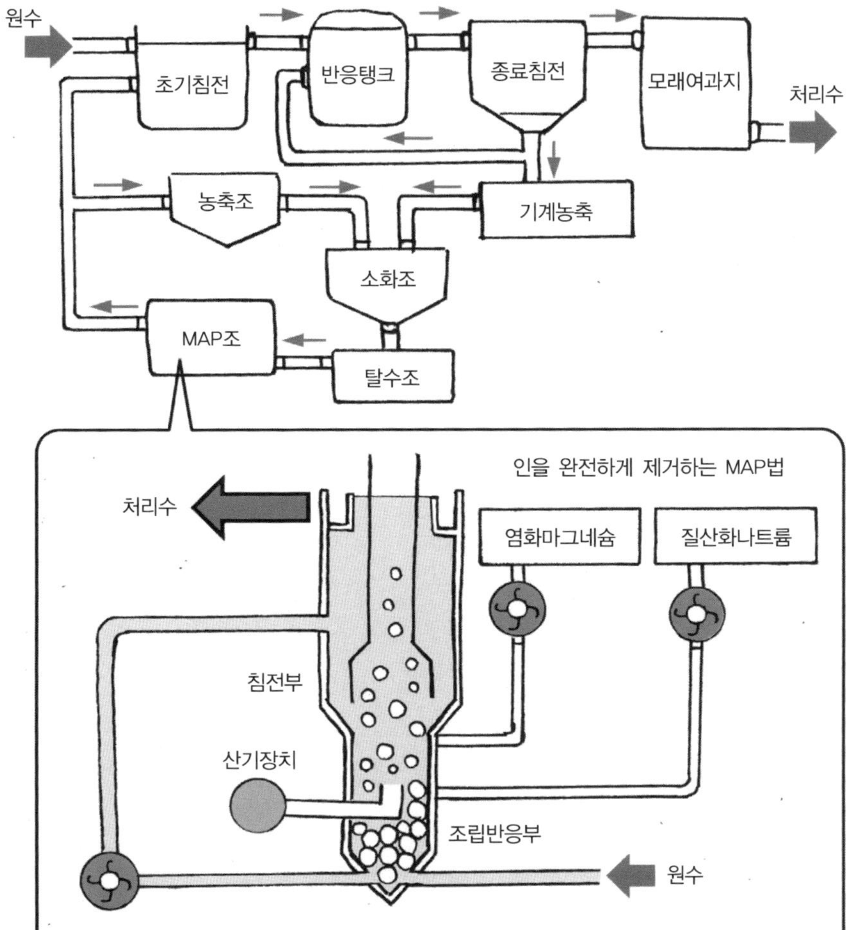

원수
초기침전
반응탱크
종료침전
모래여과지
처리수

농축조
기계농축

소화조

MAP조
탈수조

인을 완전하게 제거하는 MAP법

처리수

염화마그네슘
질산화나트륨

침전부

산기장치

조립반응부

원수

인을 함유하는 배수에 인산이온이나 마그네슘이온을 넣으면 이것이 종결정으로 되어 인이 석출합니다.

MAP반응

$$Mg^{2+} + NH_4^+ + HPO_4^{2-} + OH^- + 6H_2O \rightarrow MgNH_4PO_4 \cdot 6H_2O + H_2O$$

Check
Point

• 인의 효율적인 회수·이용시스템을 목표로 하여 등장한 것이 MAP법입니다.
• 회수한 인은 사료로 재이용이 가능합니다.

17. 암모니아를 함유한 배수의 처리

암모니아도 부영양화의 원인이 되는 질소화합물입니다. 그 발생원은 식품, 음료수 제조배수, 화학공장 배수, 도금 배수, 반도체부품 제조배수 외에 생활배수 등 여러 가지입니다.

배수량이 많고 그 농도가 수십~수백 mg/L 정도라면, 생화학적 처리법이 이용됩니다. 그러나 배수량이 적은 경우나 농도가 극단적으로 낮은 경우에는 염소분해 등의 물리적, 화학적 처리법이 이용됩니다. 이 염소분해 처리법은 암모니아 분해 시 잔류염소의 기동이 독특하여 불연속점(Break point법)이라고 불립니다.

잔류염소량으로 암모니아의 분해를 확인

우리가 알고 있는 원수 중에는 환원성 유기물질, 환원성 무기물질, 암모니아성 질소 등 염소를 소비하는 물질이 포함되어 있습니다. 또한 조류 등의 미생물도 염소를 소비합니다. 다음 페이지의 그래프를 참고하시기 바랍니다.

Ⅰ는 염소요구량이 없는 물, 즉 암모니아성 질소를 포함하지 않는 물, Ⅱ는 암모니아성 질소를 포함하지 않더라도 염소요구량이 있는 물(암모니아성 질소 이외의 물질 분해에 염소가 필요한 물), Ⅲ는 암모니아성 질소를 포함하는 물을 나타내고 있습니다. 암모니아성 질소를 포함하지 않는 물 Ⅰ, Ⅱ는 당연히 염소를 넣는 것에 따라 잔류염소의 양이 증가하게 됩니다. 그러나 암모니아성 질소를 포함하는 물에 염소를 넣게 되면, 최초에는 첨가량에 수반하여 잔류염소가 증가하지만, 어느 점(극대점)까지 가게 되면, 잔류염소가 암모니아의 분해에 사용되어 직선적으로 감소하기 시작합니다. 그리고 극소점에 도달하면 다시 염소의 양에 비례하여 잔류염소가 직선적으로 증가합니다. 이 극소점을 불연속점이라고 부르며, 여기에서 암모니아가 모두 소비되는 것을 알 수 있습니다.

이 반응은 다음 페이지의 식으로 표시되며 그래프의 극대점까지는 (1)의 반응, 극대점을 지나면 (2), (4), 일부 (3)의 반응이라고 생각되고 있습니다.

용어해설 **환원성 물질** : 산화되기 쉬운 화합물과 반응하여 환원반응을 일으키는 물질 또는 약품을 말합니다.

염소분해 처리법의 반응

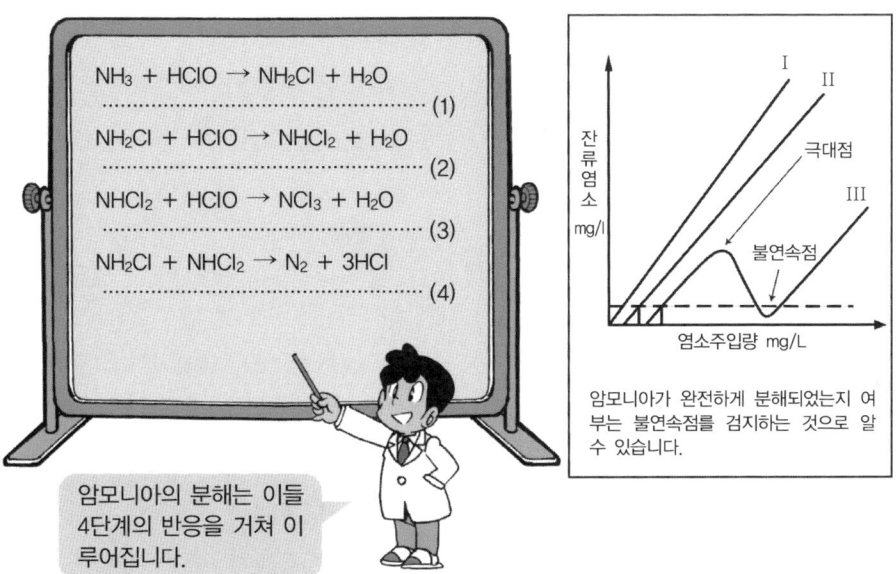

NH_3 + HClO → NH_2Cl + H_2O
$$NH_3 + HClO \rightarrow NH_2Cl + H_2O$$
.... (1)

$$NH_2Cl + HClO \rightarrow NHCl_2 + H_2O$$
.... (2)

$$NHCl_2 + HClO \rightarrow NCl_3 + H_2O$$
.... (3)

$$NH_2Cl + NHCl_2 \rightarrow N_2 + 3HCl$$
.... (4)

암모니아의 분해는 이들 4단계의 반응을 거쳐 이루어집니다.

암모니아가 완전하게 분해되었는지 여부는 불연속점를 검지하는 것으로 알수 있습니다.

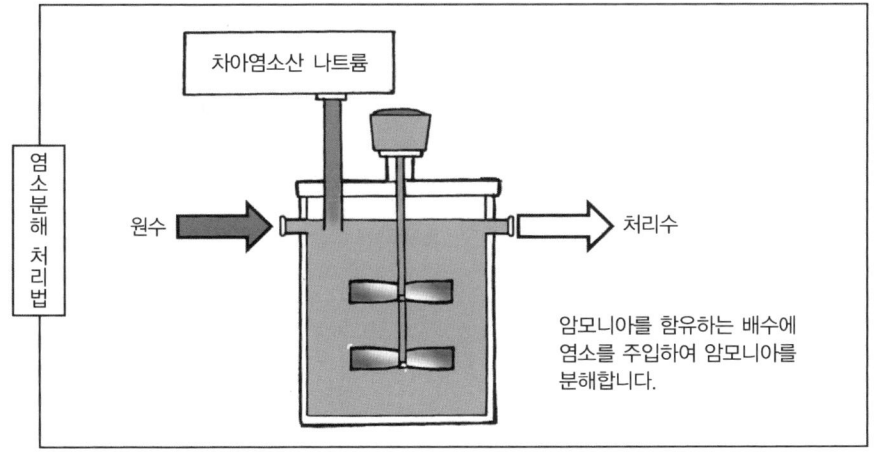

차아염소산 나트륨

염소분해 처리법

원수

처리수

암모니아를 함유하는 배수에 염소를 주입하여 암모니아를 분해합니다.

Check Point

• 암모니아는 부영양화 원인의 한 가지인 질소화합물입니다.
• 암모니아가 함유되는 배수에 염소를 주입하여 분해·제거하는 것이 염소분해 처리법입니다.

18. 농후한 암모니아 배수에 유효한 스트리핑 처리

앞 페이지에서 소개한 염소분해법을 암모니아성 질소농도가 높은 배수에 이용하려고 하면, 다량의 염소화합물이 필요하게 됩니다. 또한 반응이 급격하게 일어나 발포하고, 유독한 휘발성의 클로라민(NH_2Cl)이나 염소가스가 발생하기 때문에 배기가스 처리설비나 반응의 제어에 충분한 제어가 필요하게 됩니다. 그래서 암모니아성 질소가 농후한 배수를 안전하게 처리하는 방법으로서 스트리핑법이 있습니다.

암모니아 스트리핑은 고농도의 암모니아성 질소가 함유되는 액 중에 스팀이나 공기를 불어넣어 수중의 암모늄이온(NH_4^+)과 수산화물 이온(OH^-)을 반응시키는 것입니다. $NH_4^+ + OH^- \rightarrow NH_4OH \rightarrow NH_3 + H_2O$의 반응에 의해 암모니아 가스와 물로 됩니다.

스트리핑법에 영향을 미치는 것은 pH와 수온입니다. pH는 높을수록 좋은 것이지만, pH 10.5 이하가 되면 제거율은 낮아집니다. 또한 수온이 높을수록 제거율은 높아집니다.

우수한 특징을 가지는 스트리핑법

스트리핑 탑 내부는 다공판과 특수판으로 나누어지고, 암모니아를 함유한 배수는 상단에서 하단으로 흐르며 증기는 하단에서 상단으로 흘러 다공판 위에 멈추어진 액중을 상승합니다. 이때 배수와 증기가 접촉하는 것으로 액중의 암모니아는 기화하여 공기 측 안에 섞입니다. 이렇게 퍼진 암모니아는 암모니아수로써 회수하거나 촉매를 충진한 촉매반응탑을 통하여 산화분해되고 무해한 질소가스로써 대기에 방출됩니다.

이 처리에는 ① 물리화학적 처리를 위한 설비를 컴팩트하게 할 수 있고 공간절약이 가능 ② 안정한 처리가 가능 ③ 특별한 운전기술을 필요로 하지 않고 용이하게 자동운전이 가능 ④ 슬러지의 발생이 없음 ⑤ 열은 회수하는 것으로 운전비용의 절감이 가능한 점 등의 우수한 특징이 있습니다.

용어해설 **촉매** : 복수의 물질이 화학반응을 일으킬 때 소량으로 그 반응을 촉진시키는 효과가 있지만, 자기 자신은 변화하지 않는 물질입니다.

스트리핑 처리의 시스템

스트리핑법은 농도가 짙은 암노니아를 스팀에 쬐임으로써 기체로 바꾸어 제거하는 방법입니다.

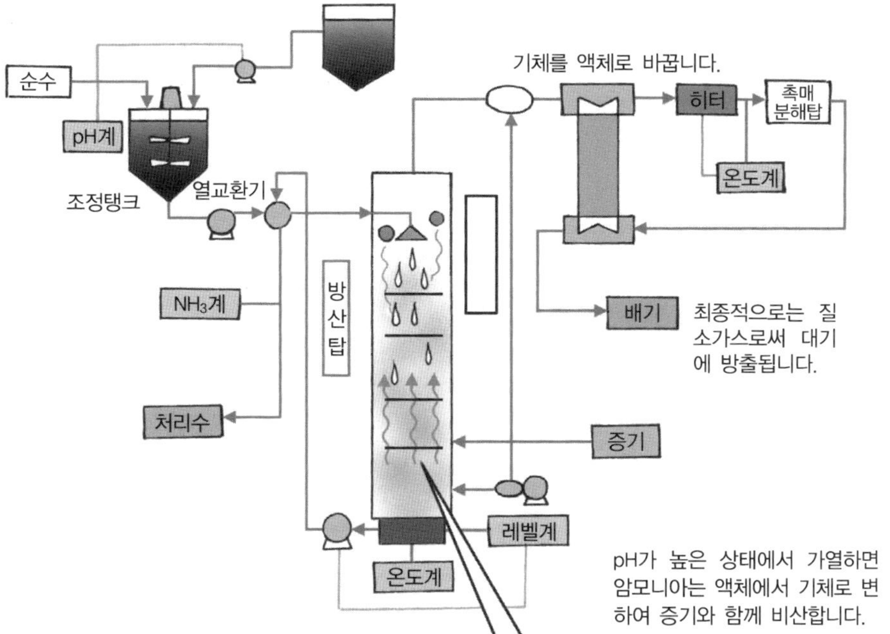
순수
pH계
조정탱크
열교환기
NH_3계
처리수
방산탑
기체를 액체로 바꿉니다.
히터
촉매
분해탑
온도계
배기
최종적으로는 질소가스로써 대기에 방출됩니다.
증기
레벨계
온도계
pH가 높은 상태에서 가열하면 암모니아는 액체에서 기체로 변하여 증기와 함께 비산합니다.

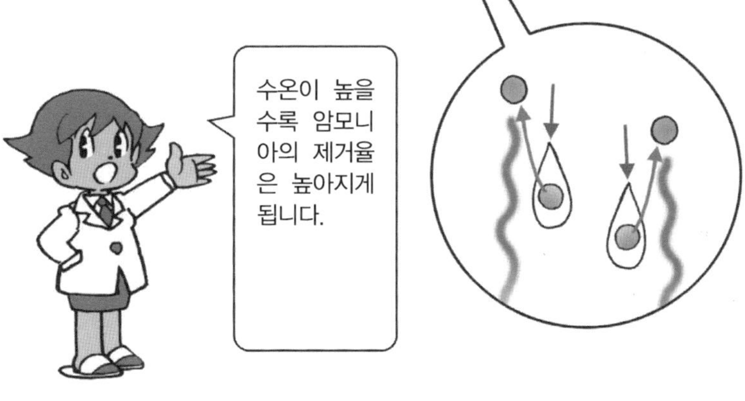
수온이 높을수록 암모니아의 제거율은 높아지게 됩니다.

Check Point

- 암모니아성 질소가 농후한 배수에는 스트리핑법이 적합합니다.
- 스트리핑법은 배수에 스팀을 불어넣어 가스의 형태로 만들어 암모니아성 질소를 제거합니다.

19. 슬러지를 고밀도로 만들어 체적을 줄이는 HDS법

지금까지 소개한 배수처리에 수반하여 다량의 수분을 함유한 슬러지가 발생합니다. 슬러지는 매립 등 후처리를 해야 하지만, 다량의 수분을 함유하여 체적이나 중량이 큰 슬러지를 운송, 투기하는 것은 처분비용면에서 경제적이라고 할 수 없습니다.

슬러지처리에 대하여 상세한 것은 5장에서 설명하겠지만 이 장에서 설명한 중금속의 수산화물법 처리나 불화칼슘, 인산칼슘 등의 칼슘염, 인산철염 또는 인산 알루미늄 등의 처리에 이용되는 HDS법에 대해 여기에서 설명합니다.

HDS라 함은 High Density Solids의 약자이고 고밀도의 슬러지를 생성시키는 것으로 수분함유량을 저하시키는 방법입니다. 종래 방법에 비교하여 HDS법의 탈수 cake(탈수하여 굳은 슬러지)는 함수율이 50% 전후로 저하하기 때문에 수분량도 5할 전후로 줄어들게 됩니다.

슬러지 표면에 더욱더 슬러지를 석출시켜 고밀도로 만든다

종래에는 예를 들어 A와 B를 반응시켜 A·B의 침전을 생성시키는 경우, 각각을 함유하는 액체를 혼합시키는 반응은 순식간에 일어납니다. 그 결과, 반응과 동시에 침전물 안에 다량의 물도 3차원 구조를 형성하여 겔 형상으로 됩니다. 그런데 HDS법은 침전한 A·B의 슬러지에 A 또는 B를 접촉시켜 흡착시킵니다. 예를 들어 A를 흡착시키면 (A·B)n·A의 형태로 되고, 여기에 B를 접촉시키면 침전표면에 (A·B)n A·B라는 새로운 현탁물질이 석출합니다.

슬러지 표면에 석출하는 A, B는 3차원 구조가 아니라 평면적이기 때문에 함유되는 수분이 적어지고 그 결과로 슬러지의 함수율이 저하합니다.

게다가 이와 같은 방법으로 석출한 현탁물질은 결정화가 일어나기 쉽고 이 결정화도 함수율 저감의 요인이 됩니다.

용어해설 **겔 형상** : 클로이드 용액이 젤리 형상으로 고체화한 것입니다.

HDS법 시스템

종래의 인산처리에서 얻어진 슬러지를 다시 한 번 원수와 반응시켜 슬러지 체적을 줄이는 것이 HDS법입니다.

강수   반송슬러지

반응조

고분자응집제

처리수

원수

P P P

원수조   중화조   소석회   침전조

● —— OH이온
◯ —— 금속이온(인)
◉ —— 수산화물

반응조   반송슬러지

중화

원수   중화조   침전조   슬러지

(A·B)n·A   (A·B)nA·B

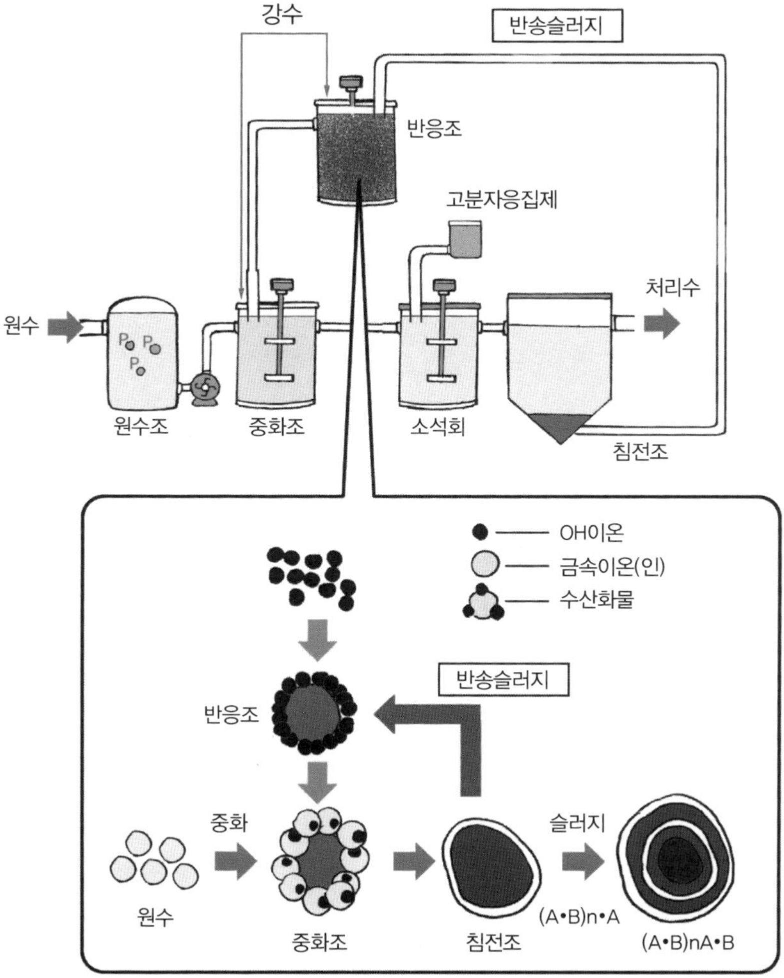

침전조에 석출한 슬러지를 반응조에 되돌리는 것으로 축소가 일어나 슬러지 내의 수분을 감소시키고 슬러지 체적을 큰 폭으로 줄이는 것이 가능합니다.

Check Point
- 슬러지를 고밀도로 하여, 수분함유량을 저하시키는 것이 HDS법입니다.
- 슬러지의 표면에 슬러지를 겹쳐, 석출시키는 것으로 고밀도화를 도모합니다.

물에 대한 이해

　지구상의 물이 비나 눈으로 변하여 다시 지구상에 내리게 되면 암석이나 지하의 암반 등에 침투합니다. 그리고 땅속을 흘러가는 사이에 바위 등에 함유되어 있는 광물이 녹아 들어가고 긴 시간을 거쳐 용수로서 다시 표면에 용출합니다. 이러한 물은 함유되는 미네랄(칼슘이나 마그네슘)의 농도에 따라 연수와 경수로 나눌 수 있습니다. 미네랄이 비교적 적은 물을 연수, 많은 물을 경수라고 부르고 있습니다.

　일본이나 한국의 지하수는 지하에 체류하고 있는 기간이 짧고, 땅속의 미네랄 성분의 영향이 적기 때문에 연수가 많습니다. 반면, 유럽 등지의 지하수에는 석회암이 많이 함유되어 있고, 지하의 체류기간이 길기 때문에 미네랄이 너무 많이 녹아들어가 경수로 이루어져 있습니다.

　유럽 등에서는 생수를 많이 마시지 않는 것은 미네랄이 너무 많기 때문이고, 무엇이라도 도가 지나치면 좋은 것은 아닌 것 같습니다.

제**4**장

미생물의 힘으로
유기물을 제거하는
생물처리기술

1. 미생물을 이용한
유기물 생물처리법

배수에 함유되는 유기물을 처리하는 경우 미생물에 유기물을 먹게 하여 분해하는 방법을 생물처리라고 부릅니다. 여기에 이용하는 미생물은 공기 중이나 수중에 산소가 존재하는 조건하에서만 생존할 수 있는 호기성 미생물과 산소가 존재하지 않는 곳에서 생존할 수 있는 혐기성 미생물로 나눌 수 있습니다. 이때 혐기성 미생물은 산소가 있으면 산소를 사용하여 유기물을 분해하여 생육하고, 존재하지 않으면 혐기성으로 분해하여 생육하는 통성 혐기성 미생물과 산소의 존재하에서는 생존할 수 없는 절대 혐기성 미생물로 나눌 수 있습니다.

호기성 미생물은 수중에 용해하고 있는 산소(용존산소 : DO)를 사용하여 이 유기물을 물과 탄산가스로 분해하고 그 에너지를 사용하여 증식합니다. 이 움직임을 이용하는 배수처리가 호기성 처리이고, 배수처리나 하수처리에 많이 이용되고 있는 활성슬러지법이 대표적입니다.

한편, 통성 혐기성 미생물은 용존산소 없는 환경에서 질산을 환원하여 질소가스를 발생시키는 것이 있습니다. 이 탈질반응을 이용한 질소처리는 질소를 함유한 배수처리에 넓게 채용되고 있습니다. 또한 절대 혐기성 미생물의 대표인 메탄 생성균을 사용하는 처리는 에너지로써 메탄가스가 얻어지기 때문에 큰 인기를 얻고 있습니다.

유기물의 분해 경로는 중복

배수 중의 유기물에는 용해성과 불용성의 고형물(현탁물질 : SS)이 있고, 각각 쉬운 분해와 어려운 분해로 나눌 수 있습니다. 이들은 다른 종류의 미생물 움직임에 의해 몇 개의 중간대사물을 경유하여 호기성 처리에서는 최종적으로 탄산가스(CO_2)와 물(H_2O)로 분해되며, 혐기성 처리에서는 메탄가스와 탄산가스, 물로 분해됩니다.

용어해설 **중간대사물** : 생체 중에 들어 있는 분자는 산소에 촉매되는 몇 단계의 반응을 거쳐 최종 생성물을 생성하지만, 그 도중의 반응에서 생성되는 화합물을 모두 중간대사물이라 부릅니다.

호기성 미생물과 혐기성 미생물

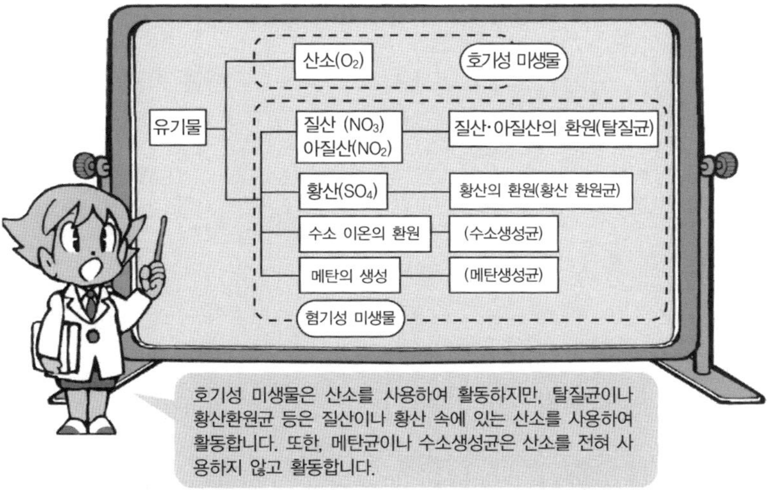

산소(O_2)
호기성 미생물
유기물
질산 (NO_3)
아질산(NO_2)
질산·아질산의 환원(탈질균)
황산(SO_4)
황산의 환원(황산 환원균)
수소 이온의 환원
(수소생성균)
메탄의 생성
(메탄생성균)
혐기성 미생물
호기성 미생물은 산소를 사용하여 활동하지만, 탈질균이나 황산환원균 등은 질산이나 황산 속에 있는 산소를 사용하여 활동합니다. 또한, 메탄균이나 수소생성균은 산소를 전혀 사용하지 않고 활동합니다.

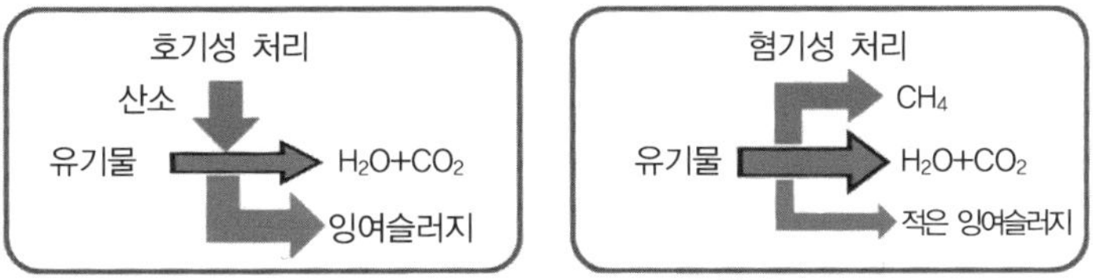

호기성 처리
산소
유기물
H_2O+CO_2
잉여슬러지
혐기성 처리
CH_4
유기물
H_2O+CO_2
적은 잉여슬러지

물속의 유기물은 호기성 미생물과 혐기성 미생물의 움직임에 의해 단계적으로 분해되어 갑니다.

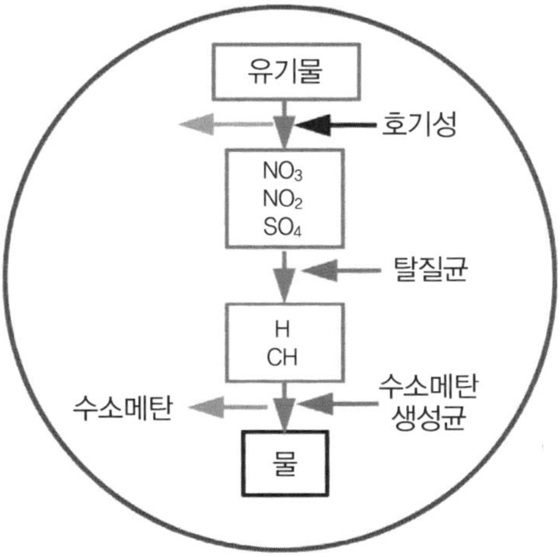

유기물
호기성
NO_3
NO_2
SO_4
탈질균
H
CH
수소메탄
수소메탄
생성균
물

Check Point

- 배수의 유기물을 미생물에게 먹게 하여 처리하는 방법을 생물처리라고 합니다.
- 미생물은 크게 산소가 필요한 호기성 미생물과 산소를 필요로 하지 않는 혐기성 미생물로 나눌 수 있습니다.

2. 호기성 미생물의
움직임을 이용한 활성슬러지법

앞에서 이야기한 것처럼 호기성 미생물에 수중의 유기물을 처리시키는 것을 활성슬러지법이라고 합니다. 이때 미생물에는 산소가 필요하기 때문에 장치는 공기(산소)를 공급하는 폭기조와 침전조로 구성되어 있습니다. 폭기조의 바닥부에는 산기관을 설치하고, 산기관에서 공기를 미세한 기포로써 조 내로 뿜어냄으로써 폭기조 내의 액에 산소를 용해시킵니다.

폭기조에는 호기성 미생물을 다량으로 함유한 수십 $\mu m \sim$ 수 mm의 덩어리가 2,000~5,000mg/L의 농도로 부유하고 있습니다. 이 덩어리를 활성슬러지의 플록(floc)이라고 부릅니다. 여기에 함유되는 미생물은 주그레아, 바칠루스 등 많은 종류의 세균이 주체이고 그 외에는 실리가네충, 와무츠 등의 원생동물이 있습니다.

폭기조와 연결하고 있는 침전조는 폭기조에서 유기물을 분해한 처리수와 활성슬러지의 플록(floc)을 자연 침강에 의해 분리시키는 역할을 가지고 있습니다. 여기에서 슬러지 혼합액을 장시간 정치(靜置)시켜 위로 오르는 액을 처리수로 만들어 방류하고, 침강한 플록(floc)은 침전조 바닥부에 설치한 침전물 긁어 모음판으로 모아서 다시 폭기조로 반송합니다.

활성슬러지 처리는 환경정비가 필요

활성슬러지 처리를 정상적으로 하기 위해서는 폭기조에 유입하는 유기물의 양(부하중), 조 내의 수온(20~37℃가 적절온도), 슬러지 혼합액 pH(7 부근의 중성역이 최적), 용존산소(DO) 농도, 미생물이 증식하기에 필수인 영양원(질소나 인) 등의 환경조건을 갖추는 것이 필요합니다.

특히 공기(산소)의 공급이 중요하게 되는 것은 말할 것도 없고, 필요한 산소량은 배수의 유기물을 분해하는 산소량과 활성슬러지 중의 미생물의 활성을 기대하기에 필요한 산소량의 합계가 됩니다. 그 때문에 예를 들어 공장의 휴일이 지속되어 폭기조에 유입하는 배수가 없더라도 활성슬러지에 활성유지용의 산소량을 공급할 필요가 있습니다.

용어해설 **원생동물** : 동물계의 종류, 1개의 세포로 이루어지며, 분열·출아 등에 의해 생식합니다.

활성슬러지법의 시스템

폭기조

침전조

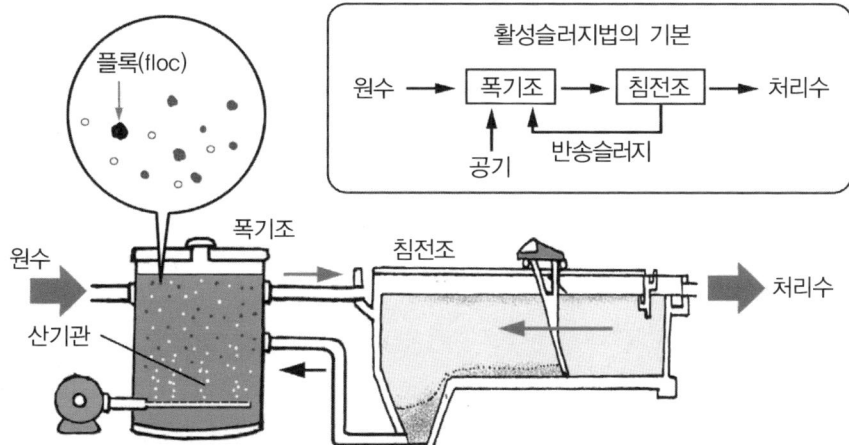

원수 중의 미생물은 폭기조의 미생물에 의해 흡수·분해되지만, 이 때에 산소가 필요하게 되기 때문에 공기를 공급하고 있습니다.

유기물을 흡수한 미생물은 플록(floc)으로 되어 침전하여 갑니다.

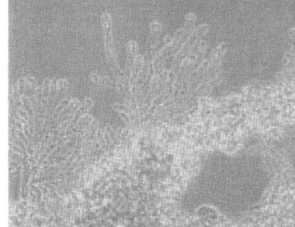

플록(floc) 형성균 : 주그레아

활성슬러지 플록(floc)

Check Point
- 호기성 미생물을 이용하여 유기물을 처리하는 것을 활성슬러지법이라고 부릅니다.
- 활성슬러지법에서는 폭기조와 침전조를 결합하여 이용합니다.

3. 침전조를 생략한
생물막식 활성슬러지법

활성슬러지법은 폭기조 내의 미생물을 플록(floc) 형상으로 하여 부유 유동시키는 방법입니다. 다만 이 방법에서는 처리수와 플록(floc)을 분해하기 위해 넓은 면적을 가진 침전조가 필요하게 됩니다. 그래서 침전조를 생략하고 콤팩트성을 중시한 방법이 '생물막식 활성슬러지법'으로 충진대를 설치하고 그 표면이나 내부에 미생물을 부착시킵니다.

장치로는 입자지름 5~10mm의 언슬라사이트나 석탄, 자갈 등 침강성의 여과재를 조의 하부에 충진하거나 물보다도 비중이 가벼운 입자지름 3~10mm의 플라스틱 입자나 발포 스티로폴 입자를 상부에 충진하는 고정상 방식과 물과 비중이 거의 동일한 입자지름 3~7mm의 폴리우레탄 입자를 조 내에 충진시키는 유동상 방식으로 크게 나눕니다.

지나치게 남은 생물막은 박리한다

이들의 방식은 미생물을 충진재의 표면이나 충진재끼리의 틈새에 얇은 막 형상으로서 보호·유지하기 때문에 생물막식 활성슬러지법이라 불리며, 고정상 방식에서는 충진재에 의한 여과 기구도 더해지기 때문에 생물막식 여과법이라고 불립니다.

충진재 표면이나 틈새에 부착하는 생물막이 두껍게 되면 과잉한 생물막은 충진재로부터 떨어집니다. 박리한 생물막은 고정상 방식에서는 충진재에 따라 여과되기 때문에 처리수의 SS(현탁물질, 이 경우의 다수는 박리 생물막) 농도는 5~30mg/L로 됩니다. 다만 충진재 간격의 SS량이 많아지면 충진재 층의 압력손실이 높아지므로 이 경우에는 액세를 실시하고 과잉한 생물막을 배출해야 합니다. 한편, 유동상 방식에서는 충진재가 유동하고 있기 때문에 끊임없이 충진재끼리 접촉·충돌하여 과잉한 생물막은 박리됩니다. 그 때문에 처리수에 함유되는 SS농도는 고정상 방식 보다 높아지고 처리수로서 응집 침전처리나 응집 가압 부상처리의 설비를 설치하는 것이 일반적입니다.

> **용어해설** **역세** : 여과기 등에서 물을 통수하는 쪽의 반대에서 흐르게 하여, 여과에서 보충한 SS 등의 물질을 씻어 흘러내려 재생하는 조작을 말합니다.

생물막식 활성슬러지법의 종류와 시스템

생물막식 활성슬러지법은 충진재 주위에 미생물을 부착시켜
슬러지를 처리하는 방법입니다.

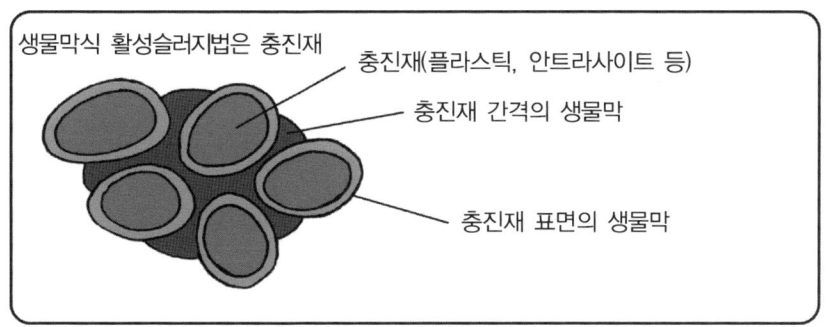

생물막식 활성슬러지법은 충진재

충진재(플라스틱, 안트라사이트 등)

충진재 간격의 생물막

충진재 표면의 생물막

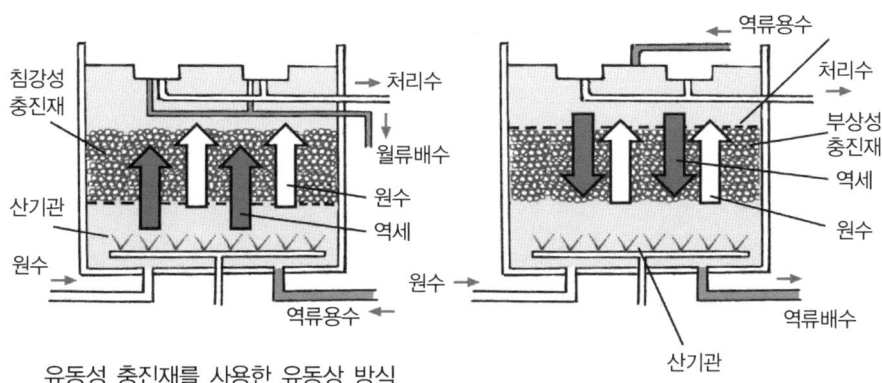

침강성 충진재를 사용한 고정상 방식

침강성 충진재 · 처리수 · 월류배수 · 원수 · 역세 · 산기관 · 원수 · 역류용수

부상성 충진재를 사용한 고정상 방식

역류용수 · 처리수 · 부상성 충진재 · 역세 · 원수 · 원수 · 역류배수 · 산기관

유동성 충진재를 사용한 유동상 방식

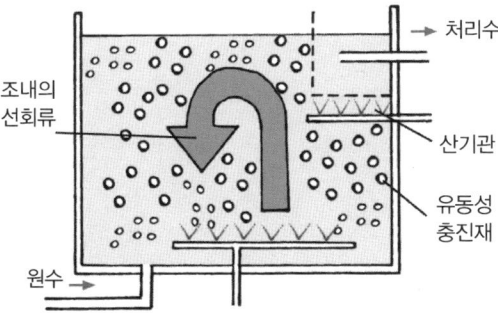

조내의 선회류 · 처리수 · 산기관 · 유동성 충진재 · 원수

침강성 충진재를 이용한 고정상 방식
에서는 용수와 역세의 방향이 동일하
지만, 부상성 충진재를 이용한 고정
상 방식에서는 용수와 역세의 방향이
역으로 됩니다.

Check Point
- 활성슬러지법에서는 침전조의 플록(floc)을 폭기조에 반송시켜 균체를 보호·유지해야만 합니다.
- 생물막식 활성슬러지법은 충진재의 표면이나 내부에 미생물을 부착시켜 놓습니다.

4. 고도의 처리수를 얻을 수 있는 막분리식 활성슬러지법

활성슬러지법의 침전조는 폭기조의 슬러지 혼합액에서 SS(현탁물질, 이 경우의 다수는 슬러지)를 침강분리하고 SS가 적은 위로 오르는 액(처리수)을 얻는 것을 목적으로 하고 있습니다. 이때 슬러지 혼합액 중의 SS의 침강성이 나쁘면 침전조에서 고체 분리가 불충분해지고 처리수에 다량의 SS가 혼입하는 벌킹현상이 일어납니다. 이와 같은 현상을 방지하기 위해 폭기조 내나 폭기조와 연결하고 있는 조 내에 입자지름 0.1~0.4μm의 MF(정밀여과)막을 설치하여 여과하는 막 분리방법이 등장하였습니다. 여기서 사용하는 MF막에는 얇은 포 형상의 막을 겉과 안에 2장 붙여서 봉투형상으로 한 평막과 외경이 1mm, 내경이 0.6mm의 중공사막이 있고, 수십에서 수백매(수백에서 수천본)의 막을 조합하여 막 유닛으로 사용합니다. 그리고 이 막 유닛을 폭기조나 막 분리조에 설치하여 유닛 하부에서 펌프로 흡인하여 처리수를 얻고 있습니다.

고품질의 처리수를 얻을 수 있다

막분리식 활성슬러지법에 의한 처리수에는 막 면이 찢어지거나 다수의 중공사가 절단되는 등의 트러블이 생기지 않는 한, SS가 없고 대부분의 대장균이나 일반세균까지 제거된 고도의 수질을 얻을 수 있습니다. 또한 분자량이 큰 색도성분이나 점성물질 등도 적은 점에서 처리수의 회수·재이용도 가능하게 됩니다. 게다가 침전조가 불필요하게 되기 때문에 설비의 설치면적도 작아지므로 장점이 많은 처리방식이라고 할 수 있습니다.

다만, 장시간 운전하고 있으면 막 표면에 생물막이나 미분해의 점성물질 유입 SS 등이 부착하여 개구부가 부식이 됩니다. 따라서, 폐쇄가 진행되면 여과저항이 높아지고 처리수를 얻을 수 없게 되기 때문에 정기적으로 막 유닛을 알칼리나 차아염소산 나트륨 등으로 세정할 필요가 있습니다. 이 경우 막의 처리수 측에서 약제를 막의 내측으로 주입하는 방법이나 막분리조 내로 약제를 투입하여 막 유닛을 약제에 침지하는 방법이 채용되고 있습니다.

용어해설 **점성물질** : 끈적끈적하여 점성이 있는 물질입니다.

막분리식 활성슬러지법의 시스템

막분리식 활성슬러지법은 MF 막을 폭기조 내에 넣어 흡인 하는 방법과 별도의 조에서 처리수를 흡인하는 방법이 있습니다.

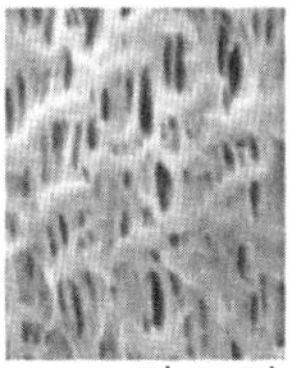

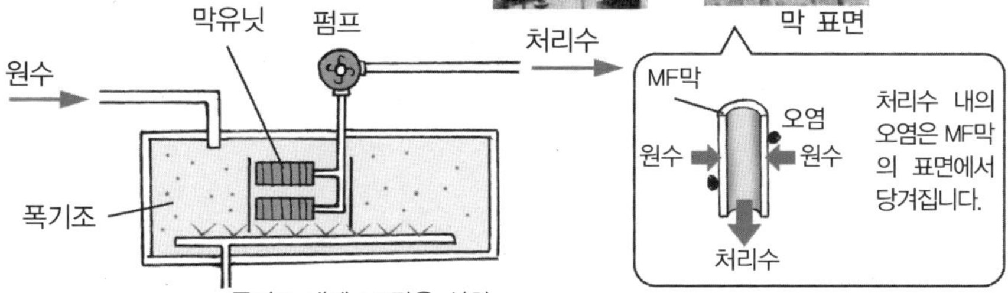

막 표면

처리수 내의 오염은 MF막 의 표면에서 당겨집니다.

MF막
오염
원수 ← → 원수
처리수

원수
막유닛 펌프
처리수
폭기조
폭기조 내에 MF막을 설치

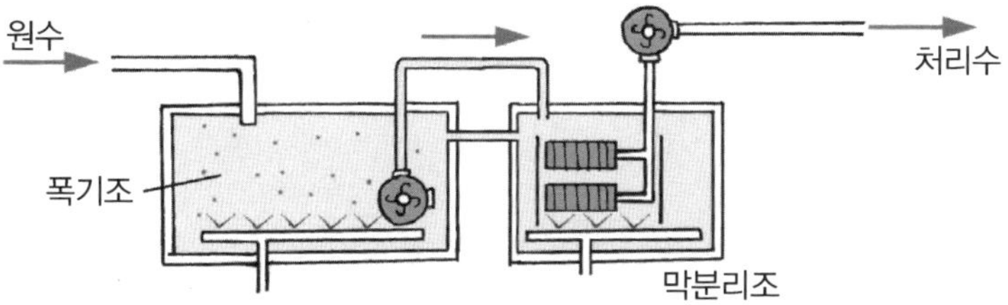

원수
처리수
폭기조
막분리조
폭기조와 막분리조를 별도로 설치한다.

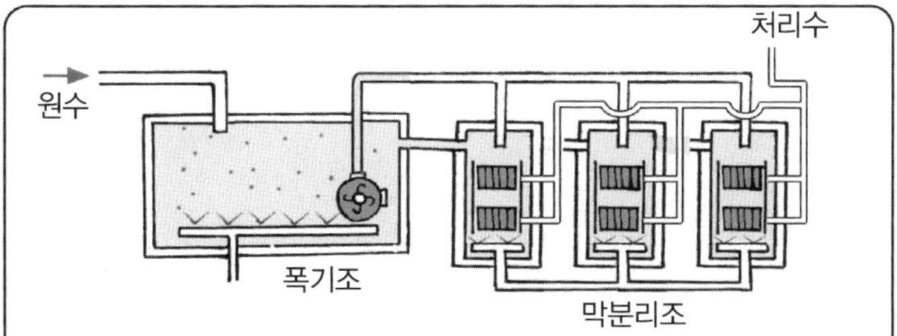

처리수
원수
폭기조
막분리조
MF막을 세정하기 쉽도록 막분리조를 다수의 조로 하는 경우도 있습니다.

Check Point
- 침강성이 나쁜 슬러지에는 MF막으로 여과하는 막분리 방법이 이용됩니다.
- 막분리식 활성슬러지법은 침전조가 불필요하게 될 때에 고품질의 처리수를 얻을 수 있습니다.

5. 미생물의 움직임으로 질소화합물을 제거하는 생물탈질법

호기성 미생물에 의한 활성슬러지법은 기본적으로 유기물 중의 탄소화합물을 분리하는 방법입니다. 호기성 미생물과 통성혐기성 미생물을 조합하는 '생물탈질법'은 배수 중의 질소화합물(암모니아)과 탄소화합물을 동시에 분해하는 방법으로, 질소화합물은 질소가스까지 분해됩니다. 생물탈질반응은 크게 질화공정과 탈질공정으로 나누어집니다.

그중 질화공정은 배수 중의 암모니아(NH_4)를 아질산(NO_2) 경유로 질산(NO_3)까지 산화하는 반응입니다. 이 산화반응에 관여하는 미생물을 질화세균이라 하며, 이들은 반응조 내의 충분한 용존산소가 절대조건이 되는 호기성 세균입니다.

질화세균은 암모니아를 아질산으로 산화하는 암모니아 산화세균과 아질산에서 질산으로 산화하는 아질산 산화세균으로 나눌 수 있습니다. 일반적인 활성슬러지 중에 생육하고 있는 세균의 다수는 유기물의 탄소원을 에너지원으로 하는 종속 영양세균이지만, 질화세균의 경우는 무기탄소(CO_2)를 탄소원으로 하여 암모니아를 산화하는 과정에서 생성하는 에너지를 사용하는 독립영양 세균입니다.

탈질공정은 혐기성 반응

한편, 탈질공정은 질산, 아질산을 질소가스로 환원하는 반응으로 용존산소 대신에 아질산이나 질산분자의 산소를 사용하여 유기물을 탄산가스와 물로 산화분해하며, 이때 아질산과 질산에서 질소가스가 생성됩니다.

이 공정에 관여하는 세균을 탈질세균이라고 총칭하고 있지만, 통상적으로 활성슬러지 중의 종속영양세균의 다수가 이 능력을 가지고 있고 용존산소가 없는 혐기성 상태에서 탈질활성이 발휘됩니다.

따라서, 탈질반응이 활발하게 일어나기 위해서는 용존산소가 없는 혐기성 상태와 아질산, 질산의 산소분자를 환원하기 위해 필요한 유기물의 존재가 필수적입니다.

용어해설 **종속영양세균·독립영양세균** : 종속영양세균은 탄소원을 유기물에 의존하고 있는 세균이고, 독립영양세균은 탄산가스를 탄소 영양원으로 하고 있는 세균을 말합니다.

생물탈질법의 흐름

생물탈질법은 절대 호기성의 질화공정과 혐기성의 탈질공정의 조합으로 구성되며, 배수 중의 암모니아를 제거하면서 유기물도 분해하는 효율적인 처리입니다.

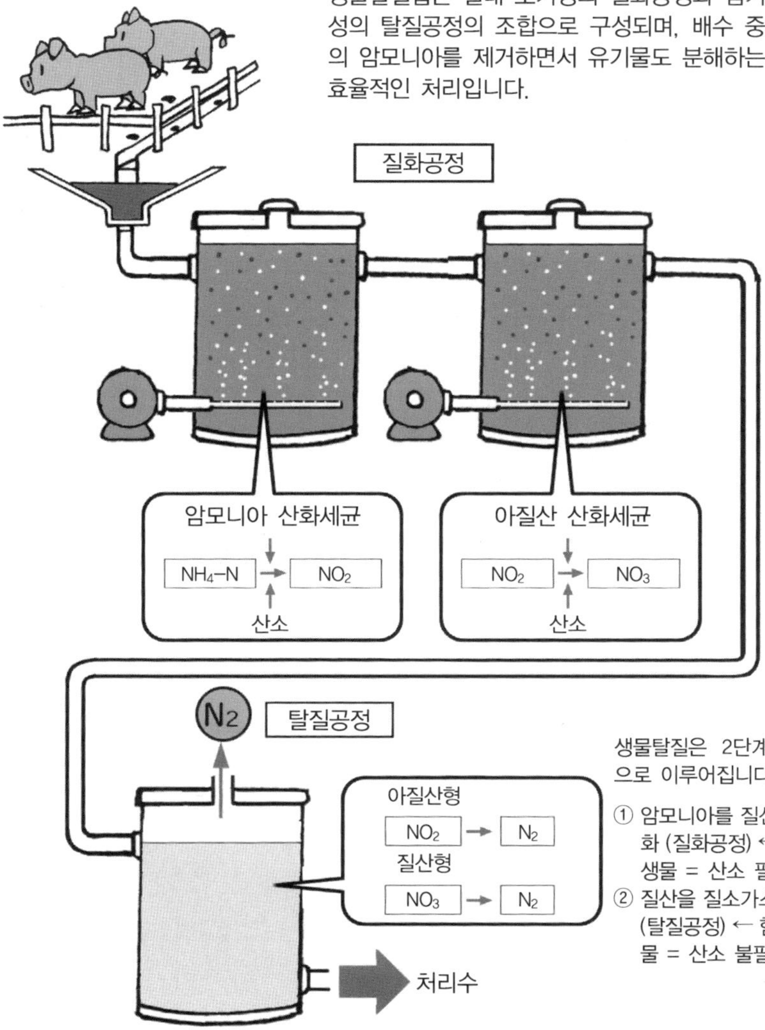

질화공정

암모니아 산화세균

$$NH_4-N \rightarrow NO_2$$

산소

아질산 산화세균

$$NO_2 \rightarrow NO_3$$

산소

N2 탈질공정

아질산형

$$NO_2 \rightarrow N_2$$

질산형

$$NO_3 \rightarrow N_2$$

처리수

생물탈질은 2단계의 반응으로 이루어집니다.

① 암모니아를 질산으로 산화 (질화공정) ← 호기성 생물 = 산소 필요
② 질산을 질소가스로 환원 (탈질공정) ← 혐기성 생물 = 산소 불필요

Check Point
· 미생물에 배수 중의 암모니아를 분해시키는 것이 생물탈질법입니다.
· 생물탈질반응은 질화와 탈질의 2가지 공정으로 이루어집니다.

6. 인을 효율적으로
제거하는 생물탈인법

호수나 늪, 연안 해역의 부영양화를 방지하기 위해서는 인을 0.02mg/L 이하로 유지할 필요가 있습니다. 인에 대한 배수 기준값은 질소(0.2mg/L 이하)보다 엄격하게 정해져 있고 더욱더 엄격하게 될 가능성이 있습니다.

인 제거 기술의 주류는 앞에서 소개한 응집침전처리 등의 화학적 처리이지만 처리의 과정에서 발생하는 슬러지의 처분이나 코스트가 많은 점에서 생물화학적인 탈인의 연구가 이루어져 질소와 인을 동시에 제거하는 방법이 개발되었습니다.

생물탈인법은 활성슬러지 중의 폴리인산 누적능력을 지니는 세균의 움직임을 이용하여 슬러지 중의 인 함유량을 높이는 것으로 배수 중에서 인을 제거하는 것입니다. 폴리인산 누적세균은 혐기상태에서 질산이나 부틸산 등의 유기물을 집어넣어 체내 저장물질의 누적을 수행하는 과정에서 인산을 폴리인산으로 만들어 방출하고, 호기상태에서는 방출한 이상의 인산을 폴리인산으로써 섭취합니다. 이와 같이 일단 방출한 이상의 인산을 섭취하기 때문에 균체 내의 인 함유량은 높아지고 결과적으로 배수 중의 인은 제거됩니다.

인과 질소를 동시에 제거

인산을 이용한 처리설비는 생물탈질법과 유사하며 인을 방출시키는 혐기 반응조와 인을 섭취하는 호기 반응조의 조합이 됩니다. 그 때문에 인 방출조의 뒤편에 탈질조를 섭취, 인 섭취조에서 인 섭취와 질화반응을 이루게 하는 것으로 인과 질소의 동시 제거도 가능하게 됩니다. 이와 같이 생물탈인법은 인을 효율적으로 제거하는 우수한 특징을 가지고 있지만 탈인을 하는 폴리인산 누적세균의 생육조건이나 기구 해명이 불충분합니다. 때문에 배수의 조성이 안정적인 공공 하수도나 소변처리, 가축배설 배수 등에서는 효과를 얻을 수 있지만 배수조성이나 농도가 다양한 공장배수 등에서는 적용하기 어려운 실정입니다.

용어해설 **폴리인산** : 인산이 탈수 축합되어 중합염을 형성한 것입니다. 중합인산 또는 축합인산이라 불리며, 다양한 종류의 중합염이 있습니다.

생물탈인법의 시스템

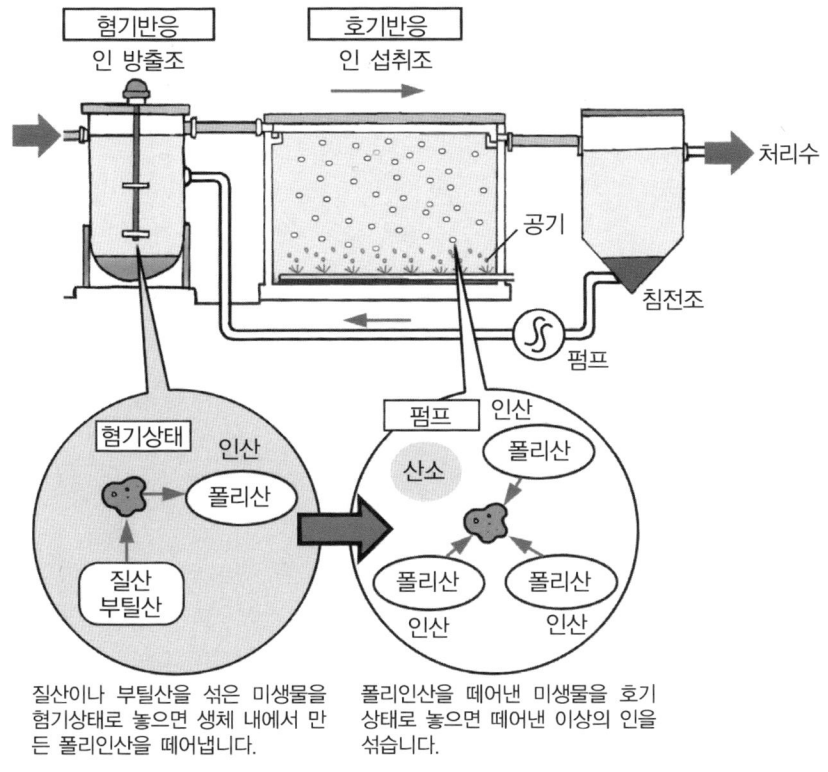

질산이나 부틸산을 섞은 미생물을 혐기상태로 놓으면 생체 내에서 만든 폴리인산을 떼어냅니다.

폴리인산을 떼어낸 미생물을 호기상태로 놓으면 떼어낸 이상의 인을 섞습니다.

인 제거방식의 비교

제거방식	원리	특징
응집침전법	원수나 처리수에 철염, 알루미늄염 등의 응집제를 첨가하고, 인 화합물로서 불용화시켜 침전분리한다.	제거율 높고 안정, 별도 설비 필요, 슬러지처리·코스트 높음
초석탈인법	인산과 칼슘및 수산화이온의 반응으로 생성하는 하이드로 키시 아파타이트($Ca_5(OH)(PO_4)_3$)의 정석반응을 이용합니다.	전처리 필요, 별도 설비 필요, 경제적, 인 사료화
생물·화학적 동시처리법	폭기조에 응집제를 첨가하고, 폭기조내에서 인화합물로써 슬러지에 함유시킨 침전조에서 침전분리한다.	기존 설비 전용, 안정처리, 슬러지처리
생물탈인법 혐기·호기	인을 혐기로 방출, 호기로 섭취하는 폴리인산 누적세균의 움직임을 이용하고, 고농도의 인을 슬러지에 함유시켜 제거한다.	기존 설비 전용, 경제적, 무약주입
포스트립법	생물 탈인(혐기·호기법)과 화학적 제거의 조합. 혐기에서 인을 방출한 후 응집침전처리를 한다.	별도 설비 필요, 안정처리, 경제적

Check Point
• 미생물을 이용하여 수중의 인을 처리하는 것이 생물탈인법입니다.
• 생물탈인법은 인을 방출하는 조와 섭취하는 조를 연결하여 실행합니다.

7. 소규모 하수처리에 유용한 OD법

최근 단지의 하수도나 농어촌 축산배수의 처리로 인해 질소, 인의 제거를 포함하는 고도의 처리기술이 요구됨에 따라, 배수처리에 대해 고도의 전문성을 가지지 않더라도 누구나 쉽게 운전관리를 할 수 있는 처리방식이 필요하게 되었습니다. 이러한 요구를 충족시키는 처리법으로 등장한 것이 OD법입니다.

OD법은 Endless의 긴 타원형 수로 내에 활성슬러지를 보존 유지하면서, 수로의 1, 2개소에 산기와 수류에 영향을 주는 폭기장치를 설치하고 있습니다. 그리고 타원형 수로 내의 편측에서 하수나 배수를 유입시켜 반대 측에서 침전조에 슬러지 혼합액을 유출시키는 구조로 되어 있습니다. 폭기장치는 산소의 공급과 수로 내에 활성슬러지가 침강하지 않을 정도의 유속을 주기 위해 횡축형의 로터로 수면을 긁어서 섞는 기계 폭기가 주류로 되어 있습니다.

이 경우, 수로 내의 모든 영역을 폭기하는 것은 아니기 때문에, 폭기되고 있는 부근은 호기상태이지만, 하류에서는 혐기상태입니다. 그 결과, 호기상태가 유지된 부분에서는 질화반응이나 인산의 과잉 섭취가 생기고, 혐기 부분에서는 탈질 반응, 인산의 방출이 생기며 생물탈질과 생물탈인이 가능하게 됩니다.

유지관리가 편한 OD법

OD법은 저부하 운전을 전제로 하고 있기 때문에 유입하수나 배수의 부하 변동에 대해 안정한 처리가 지속됩니다. 또한, 동절기에 수온이 낮은 하수가 유입하더라도 처리성능의 저하는 잘 일어나지 않고, 잉여슬러지의 발생량도 적으며, 잉여슬러지 처리를 빈번하게 할 필요도 없습니다.

자연의 정화작용은 호기상태와 혐기상태를 반복하는 것으로 질소, 인을 함유한 많은 종류의 현탁물질이 무해화되고 있습니다. OD법은 이러한 자연의 정화작용과 동일하도록 기능·기구를 가진 자연에 뛰어난 처리방식이라고 말할 수 있습니다.

용어해설 **부하변동** : 설정된 물의 양, 수질 등의 상황이 배수의 농도 변동, 물의 양 변동에 의해 변화하는 것입니다.

OD법의 시스템

OD법은 소규모의 하수처리에
적합합니다.

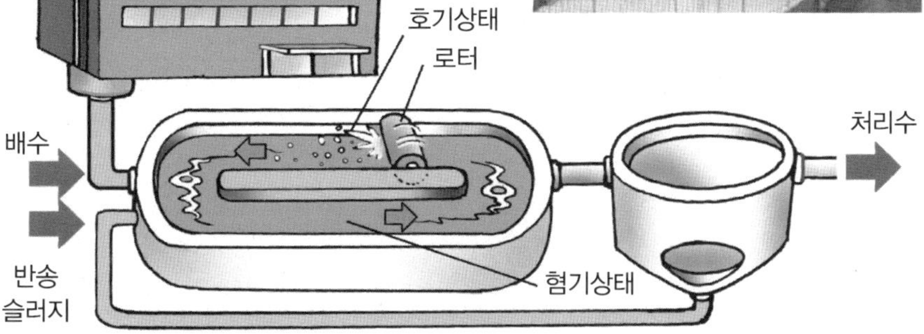

호기상태
로터

처리수

배수

반송
슬러지

혐기상태

작은 설비로 호기상태와 혐기상태를 만들어내는 것이 가능
합니다.

소규모 하수처리 시설에 적합한 OD법은

하수도의 소규모에 동반하여 효과적인 하수도
정비의 추진을 도모하기 위한 기능을 합니다.

• 부하변동에 강하고 안정한 처리
• 유지관리가 용이
• 건설비, 유지관리비의 저렴화
• 질소·인의 제거

OD법은 누구라도 안정하게 운전관리
가 가능하고, 탈질, 탈인도 가능하며,
자연의 정화작용과 동일한 기능을 가
진 자연에 우수한 처리방식입니다.

Check Point
• 누구라도 간단하게 운전관리를 할 수 있는 것이 OD법입니다.
• 간단한 장치 안에서 호기상태와 혐기상태가 만들어집니다.

8. 벌킹의 종류와 그 원인

활성슬러지법이나 생물탈질법 등은 침전조 내에서 고액 분리하여 처리수를 얻습니다. 이때 충분한 고액 분리가 되지 않으면 슬러지가 침전조에서 유출하는 벌킹이라는 상태가 발생합니다.

벌킹은 크게 활성슬러지의 플록(floc)에 실 형상으로 증식하는 사(絲)상성 미생물의 비율이 많아지고, 플록 전체가 면 현상이 되는 '실 형상성 벌킹'과 슬러지의 점성증가나 플록의 응집성이 저하하여 미세한 플록이 되는 '비사(非絲)상성 벌킹'으로 크게 구분됩니다.

활성슬러지 처리가 충분하지 않은 상태로 되는 벌킹

실형상성 벌킹을 일으키는 세균은 스파에로칠스, 치오트리크스, 타입 1701 등이고 이들 세균의 증식에는 폭기의 부하층의 증가나 용존산소의 부족, 질소나 인 등의 영양원의 부족, 배수의 조성 등 많은 요인에 관계합니다. 또한, 노카르데아, 마이크로스릭스 등 방선균의 일종이 이상 증식하고 폭기조가 거품으로 덮이며 거품과 동시에 다량의 슬러지가 침전조에서 유출하는 일도 있습니다. 더욱이 폭기조의 pH를 산성 측으로 운전하면 배수조성에 따라서는 곰팡이나 효모가 증식하는 일도 있습니다. 한편, 비사(非絲)상성 벌킹은 사상성 미생물 발생이 적은 상태에서 슬러지의 침강성이 불충분한 상태를 총칭하고 있습니다. 그중에서 세균이 생성하는 점성물질이 많아지고 플록의 점성이 이상하게 높아지는 고점도 벌킹과 저부하나 과부하에 따라 플록이 분산·해체하여 미세한 슬러지로 되는 분산형 벌킹이 많이 발생합니다. 고점도 벌킹의 원인은 명확하지 않지만 배수 조성이 당류가 주체이고 질소, 인이 부족한 경우에 발생하기 쉽고 배수 중의 무기성분(칼슘이나 철염 등의 잿가루)의 함량도 그 원인이 되고 있습니다.

용어해설 **저부하·과부하** : 설정된 상황보다 낮은 경우를 저부하, 높은 경우를 과부하라고 부릅니다.

고액분리를 방해하는 벌킹의 시스템

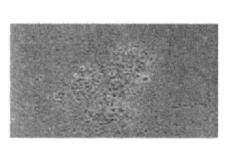

사상성
미생물(스페로칠스)

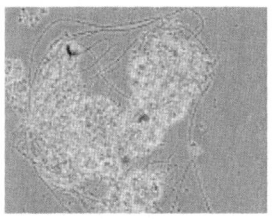

사상성 세균 생육슬러지

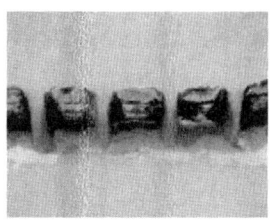

침전조에서 유출하는 슬러지

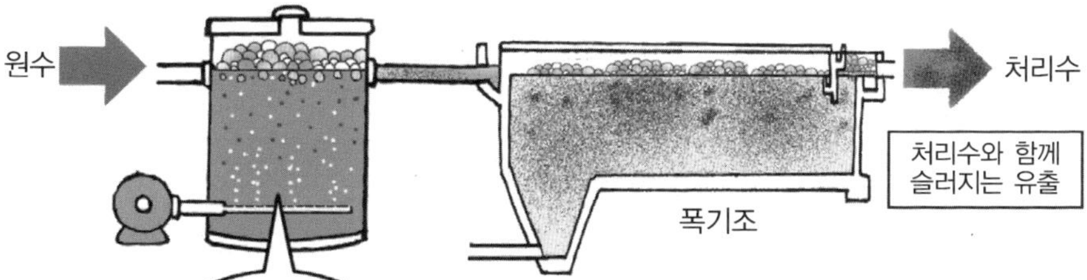

폭기조

원수 →

처리수 →

처리수와 함께
슬러지는 유출

폭기조

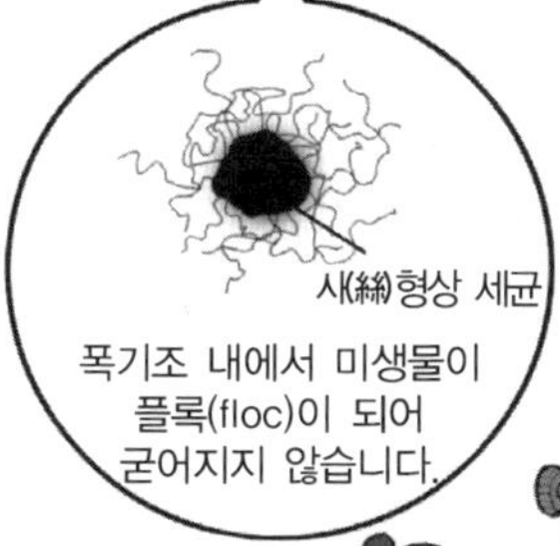

사(絲)형상 세균

폭기조 내에서 미생물이
플록(floc)이 되어
굳어지지 않습니다.

폭기조 내에서 처리하는
슬러지의 양이 많아지고,
고부하의 상태에서
벌킹이 일어납니다.

벌킹의 원인과 현상

원인	현상
활성슬러지의 응집 불량	슬러지가 분산/해체하고, 미세 (소입자 지름)한 플록(floc)
활성슬러지의 비중 저하	클로이드성의 탁질 슬러지의 분산/해체에 의한 소립자 지름 floc 슬러지 자체의 비중저하 슬러지중에 가스(N₂, 또는 CO₂)함유 슬러지중에 사(絲)형상성 미생물의 발생
활성슬러지의 점성 증가	슬러지중에 점물질의 함유량 증가
슬러지의 팽윤/팽화	슬러지중에 사(絲)형상성 미생물의 발생

Check Point
- 슬러지가 침전조에서 유출하는 것이 벌킹입니다.
- 폭기조의 부하량이 증가하거나 탄소나 질소, 인 등이 부족하면 벌킹이 발생합니다.

9. 벌킹의 효과적인 방지책

활성슬러지법이 다수의 배수나 하수처리에 채용된 지 반세기가 지났지만 지금도 벌킹을 완전하게 방지하는 데는 어려움이 따릅니다. 그 원인은 벌킹에 관여하는 요인이 많고 배수의 조성이나 처리법, 운전관리에 따라 그 상황이 크게 달라지기 때문입니다.

벌킹에 대해서 명확하고 효과적인 대응은 어려운 것이지만, 사(絲)상성 벌킹의 방지책으로서 2단 활성슬러지법(다단 활성슬러지법)과 부분혐기(의사 혐기)를 조성한 활성슬러지법이 개발되어 효과를 얻고 있습니다.

사(絲)상성 세균 중의 스파에로틸스나 타입 1701 등은 처리수가 악화할 정도의 고부하(균체에 과잉한 유기물을 처리시키는 것)나 슬러지가 해체할 정도의 저부하(유기물이 적은 상태)에서는 증식하기 어려운 특성을 가지고 있습니다. 이러한 특성을 이용하여 혐기조를 2단 또는 다단으로 분할하여 앞단의 폭기조를 높은 부하로, 후단의 폭기를 낮은 부하로 운전하는 것에 의해 이들의 증식을 방지하는 것이 가능합니다. 또한, 사(絲)상성 세균 중에서 타입 021N, 타입 1851 등은 혐기조와 호기조(폭기조)를 가지는 다단의 반응조를 이용한 부분혐기(의사혐기)를 조성하게 되면 이상증식이 방지되었던 사례가 보고되고 있습니다.

대책이 더욱더 곤란한 비사(非絲)상성 벌킹

한편, 비사(非絲)상성 벌킹의 방지는 사(絲)상성 벌킹의 방지보다 더욱 어려운데, 그 원인은 발생요인이 명확하지 않은 것에 있습니다. 또한 고점도 벌킹에서는 점성 슬러지가 점성을 가진 중간 대사물로 누적되어 있는 것이 많기 때문에 부하 중 DO 나 영양원 등 운전환경조건을 최적으로 정리할 필요가 있습니다. 또한 활성슬러지 중 잿가루의 비율을 높여서 비중이 무거운 플록(floc)을 조성시키는 것도 효과가 있습니다.

> **용어해설** **부분혐기(의사혐기)** : 폭기조의 일부를 사용하여 산기하지 않는 부분을 만들고 혐기상태에서 처리를 하는 방법을 말합니다. 벌킹상태로 되었을 때의 개선 방법의 한 종류입니다.

사(絲)상성 벌킹을 방지하는 효과적인 대책

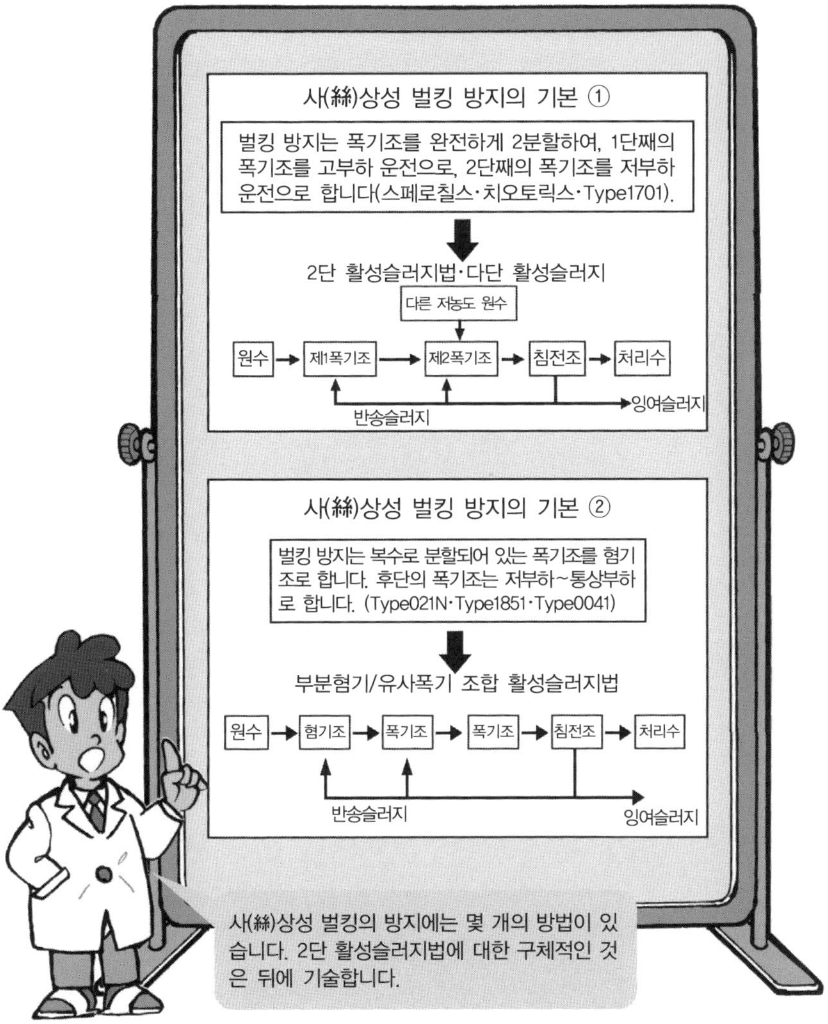

사(絲)상성 벌킹 방지의 기본 ①

벌킹 방지는 폭기조를 완전하게 2분할하여, 1단째의 폭기조를 고부하 운전으로, 2단째의 폭기조를 저부하 운전으로 합니다(스페로칠스·치오토릭스·Type1701).

⬇

2단 활성슬러지법·다단 활성슬러지

```
                    다른 저농도 원수
                          ↓
원수 → 제1폭기조 → 제2폭기조 → 침전조 → 처리수
           ↑                         ↓
           └──── 반송슬러지 ────────────→ 잉여슬러지
```

사(絲)상성 벌킹 방지의 기본 ②

벌킹 방지는 복수로 분할되어 있는 폭기조를 혐기조로 합니다. 후단의 폭기조는 저부하~통상부하로 합니다. (Type021N·Type1851·Type0041)

⬇

부분혐기/유사폭기 조합 활성슬러지법

```
원수 → 혐기조 → 폭기조 → 폭기조 → 침전조 → 처리수
          ↑       ↑                    ↓
          └─ 반송슬러지 ─┘        잉여슬러지
```

사(絲)상성 벌킹의 방지에는 몇 개의 방법이 있습니다. 2단 활성슬러지법에 대한 구체적인 것은 뒤에 기술합니다.

Check Point
- 사(絲)상성 세균에 의한 벌킹의 대책으로써, 2단 활성슬러지법이 좋은 효과를 내고 있습니다.
- 벌킹의 방지는 비사(非絲)상성이 사(絲)상성보다 곤란합니다.

10. 혐기성 미생물의 움직임을 이용한 혐기처리법

지금까지 산소가 필요한 호기성 미생물뿐 아니라 산소를 필요로 하지 않는 혐기성 미생물에 대해 살펴보았습니다. 여기에서는 혐기성 미생물을 이용한 배수처리에 대해 보다 상세히 다루며, 특히 메탄가스의 발생을 수반하는 혐기성 처리법을 소개하고자 합니다. 이 혐기성 처리는 산소가 불필요(에너지 절약), 메탄가스 회수(에너지 창조), 잉여슬러지 저감(폐기물 절약) 등 우수한 특징을 가지며, BOD가 수만 mg/L의 고농도 배수에서 하수 등의 저농도 배수까지 처리할 수 있습니다.

배수의 혐기성 처리에 의한 분해는 ① 유기물을 산 생성 반응에 의해 단당류나 저급 지방산(유기산)으로 분해하고 ② 그것을 질산 생성반응에서 질산으로 분해하며 ③ 질산에서 메탄 생성반응에 의해 메탄가스, 탄산가스, 물로 분해하는 3개의 공정으로 나눌 수 있습니다.

유기물을 메탄까지 분해

①의 산 생성 반응에 관여하는 세균은 산 생성균이라 불리며, 용존산소가 없는 환경하에서 움직이는 통성 혐기성 세균입니다. 배수 중의 당류나 단백질을 단당류나 아미노산 유기산으로 액화, 저분자화합니다. 또한, ②의 질산 생성반응에 관여하는 질산 생성균은 절대 혐기성 세균으로 단당류나 아미노산, 유기산을 질산까지 분해합니다. 이 질산에서 ③의 메탄 생성 반응에 의해 메탄가스가 생성되고, 이때 메탄 생성균은 절대 혐기성 세균으로서, 이용할 수 있는 것은 질산, 수소 등 제한된 물질뿐이며, 한정된 환경에서 생육하는 증식속도가 늦은 세균입니다. 혐기성 처리라고 한다면 메탄반응뿐이라고 생각할 수 있지만, 메탄가스 발생은 최종단계이고 혐기성 처리의 성능에는 앞 공정으로서의 산 생성, 질산 생성공정이 크게 관여하고 있습니다.

호기성 처리에서는 유기물 분해 시의 에너지로 균체를 생성하지만 메탄반응에서는 균체 대신 메탄가스를 생성하기 때문에 발생하는 슬러지량은 적어지고, 혐기성 처리는 슬러지 감소에 적합한 처리법이 됩니다.

용어해설 **저급 지방산(유기산)** : 탄소수 9 이하의 화합물을 저급 지방산이라고 부릅니다.

혐기성 처리의 시스템과 장점

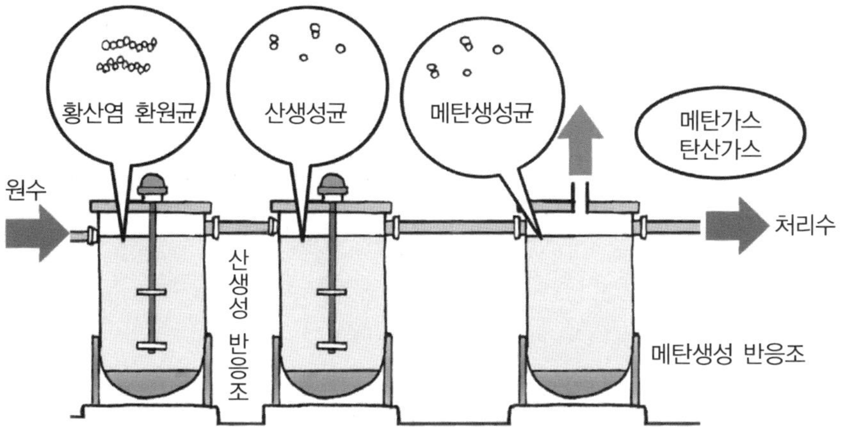

황산염 환원균

산생성균

메탄생성균

메탄가스
탄산가스

원수

산생성 반응조

처리수

메탄생성 반응조

혐기성 처리의 원리

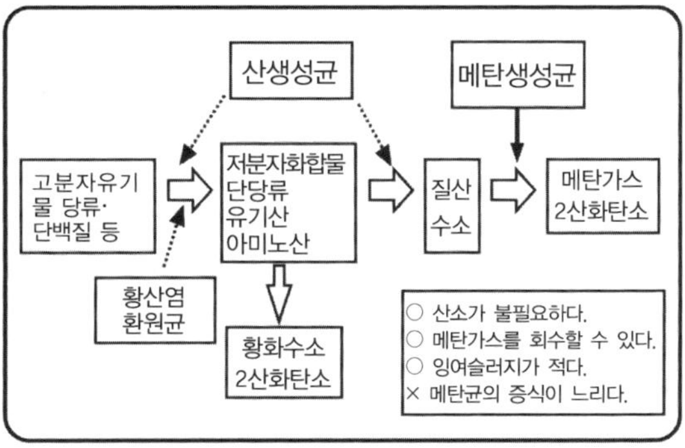

산생성균

메탄생성균

고분자유기물 당류·단백질 등

저분자화합물
단당류
유기산
아미노산

질산
수소

메탄가스
2산화탄소

황산염
환원균

황화수소
2산화탄소

○ 산소가 불필요하다.
○ 메탄가스를 회수할 수 있다.
○ 잉여슬러지가 적다.
× 메탄균의 증식이 느리다.

혐기성 처리의 장점

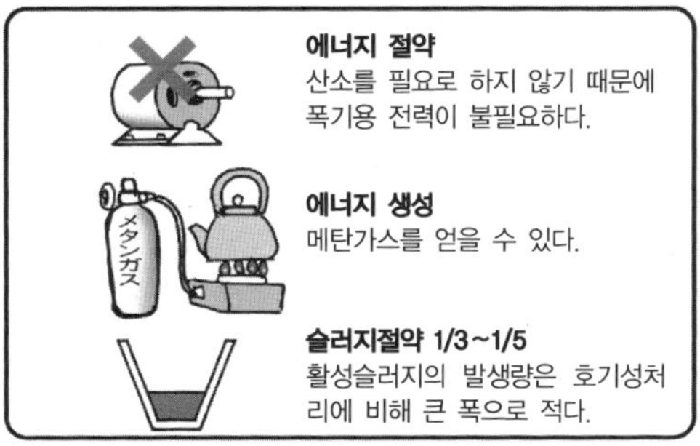

에너지 절약
산소를 필요로 하지 않기 때문에
폭기용 전력이 불필요하다.

에너지 생성
메탄가스를 얻을 수 있다.

메탄가스

슬러지절약 1/3~1/5
활성슬러지의 발생량은 호기성처
리에 비해 큰 폭으로 적다.

Check Point
- 혐기성 처리는 에너지 절약, 에너지 생성, 폐기물 절약이라는 우수한 특징을 가지고 있습니다.
- 다양한 균의 연결로 유기물을 메탄까지 분해합니다.

11. 메탄 생성균을 이용한 UASB 등의 처리법

험기성 처리에서는 증식이 늦은 메탄 생성균을 반응조에 보호·유지하는 수단으로서 부유법, 고정상법, 유동상법, UASB 등 몇 개의 방식이 있습니다.

이 중 부유법은 활성슬러지법과 동일하게 메탄 생성균을 부유상태(활성슬러지의 플록(Floc)상태)에서 보호·유지하는 방식으로 분뇨처리나 고농도 배수처리에 이용되고 있습니다. 또한, 고정상법은 생물막식 활성슬러지법과 동일하게 반응조 내의 충진재 표면이나 틈새에 메탄 생성균을 부착시켜 보호·유지하는 방법입니다. 더욱이 유동상법은 반응조 내에 유동하는 충진재 표면에 생물막으로써 보호·유지하는 방식입니다. 고정상법이나 유동상법은 메탄 생성균의 유출을 방지할 수 있기 때문에 저농도 배수까지 적용할 수 있습니다.

다만, 메탄 생성균의 안에는 사(絲)상으로 생육하여 반응조 내의 가스나 물의 흐름으로 상호 간에 얽히고, 입자지름 0.3~3mm의 과립형상이 되는 종류도 있습니다. 이 사(絲)상의 메탄 생성균이 형성한 과립은 그래뉼이라고 불리며, 고활성의 메탄 생성균이 고밀도로 농축되어 있습니다. 그래서 이 그래뉼 형상의 메탄 생성균을 반응조 내에 보호·유지하고, 발생하는 메탄가스나 탄산가스를 반응조 상부에서 분리하는 UASB(Upflow Anaerobic Sludge Bed)가 등장하고 있습니다.

가스·고체·액체를 효율적으로 분리한다

USAB는 고정상법이나 부유법에 비해 다량의 메탄 생성균을 보유하는 것이 가능하기 때문에 활성슬러지법에 비해 10~20배의 높은 부하량으로 운전하는 것으로 콤팩트한 설비처리가 됩니다. USAB에서는 산 생성반응을 하게 하는 산 생성조에 배수를 주입하고 pH 조정을 하면서 증기나 온수에 의해 35~37℃로 유지합니다. 그리고 산 생성반응에서 질산 주체의 유기산이나 저급 알코올까지 분해한 후, 조 상부에서 그래뉼과 가스와 효율적으로 분해하여 처리수조로 유하합니다.

용어해설 **저급 알코올** : 탄소수가 1~5 알코올, 주로 메틸 알코올(탄소수 1), 에틸 알코올(탄소수 2)이나 벤틸 알코올(탄소수 5) 등이 있습니다.

UASB에 의한 유기물처리의 시스템

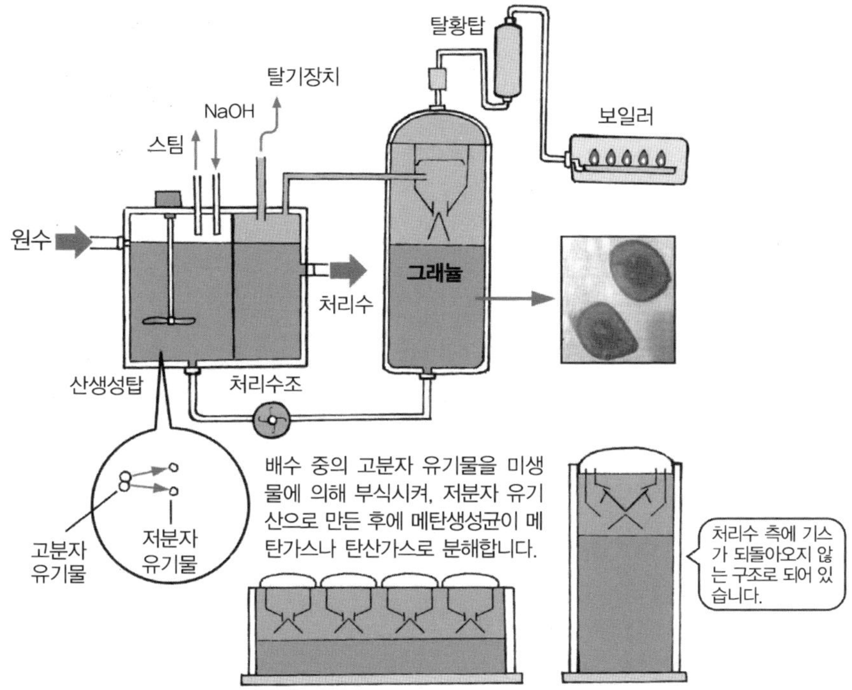

탈황탑

탈기장치

보일러

NaOH

스팀

그래뉼

원수

처리수

산생성탑

처리수조

고분자 유기물

저분자 유기물

배수 중의 고분자 유기물을 미생물에 의해 부식시켜, 저분자 유기산으로 만든 후에 메탄생성균이 메탄가스나 탄산가스로 분해합니다.

처리수 측에 가스가 되돌아오지 않는 구조로 되어 있습니다.

표준방식의 UASB

고부하 방식의 UASB

Check Point

• 메탄생성균을 고밀도로 보호유지한 것이 UASB입니다.
• UASB에서는 발생한 메탄가스를 효율적으로 회수할 수 있습니다.

12. 혐기 처리장치를 효율적으로 운전하는 쾌적한 환경 만들기

혐기성 처리는 산 생성, 질산 생성, 최종 단계의 메탄 생성처럼 각 반응이 단계적으로 진행하기 때문에 양호한 처리를 하기 위해서는 각 반응이 충분한 기능을 발휘할 필요가 있습니다. 산 생성 반응에 관여하는 산 생성균은 통기 혐기성 세균이고, 폭넓은 환경조건하에서 생육하지만 질산 생성균이나 메탄 생성균은 절대 혐기성 세균이며 기능을 충분히 발휘시키기 위해서는 최적의 환경을 갖추어야 합니다.

각각의 반응에 최적인 환경을 갖춘다

산 생성반응은 배수 중의 당류나 단백질을 단당류나 저급 지방산(유기산), 아미노산으로 저분자화시키는 반응으로 수온 25~37℃, pH 5~8에서 용존산소가 없는 혐기성 분위기에서 저류조나 원수조에서 3~10시간 저류하는 것으로 진행합니다.

질산 생성반응은 메탄 생성반응과 병행하여 진행하기 위해 메탄 생성반응을 최적조건하로 유지하는 것으로 질산 생성반응도 진행합니다. 메탄 생성균은 온도에 의해 점성이 크게 변화하고, 최적 온도는 27~35℃이며, 20℃ 이하에서는 활성이 없어지고, 40℃ 이상에서는 사멸합니다. 또한 조 내의 최적 pH는 6.5~7.5이고, 6 이하 8 이상으로 되면 사멸하기도 합니다. 당연히 절대적인 혐기성 아래가 전제조건입니다.

더욱이 메탄 생성균은 코발트, 니켈을 함유하는 효소를 가지고 있기 때문에 미량인 코발트염, 니켈염을 미량 영양원으로써 첨가할 필요도 있습니다. 앞에서 소개한 UASB는 고부하 처리가 가능하고 폭넓은 배수에 적용할 수 있는 점에서 일반적으로 성립하지만 여기에서는 메탄 생성균이 고농축된 활성이 높은 그래뉼 형상의 혐기성 슬러지를 형성하고 있습니다. 산 생성반응을 종료한 원수를 적정농도로, 여유를 가진 부하량으로, 운전관리할 필요가 있는 것은 말할 것도 없습니다.

용어해설 **단당류** : 탄수화물의 일종으로 이것보다 간단한 분자로 가수분해되지 않는 당류, 포도당, 과당 등이 있고, 일반식 CnH2nOn으로 n=2~10인 것을 말합니다.

혐기성 처리의 환경 만들기

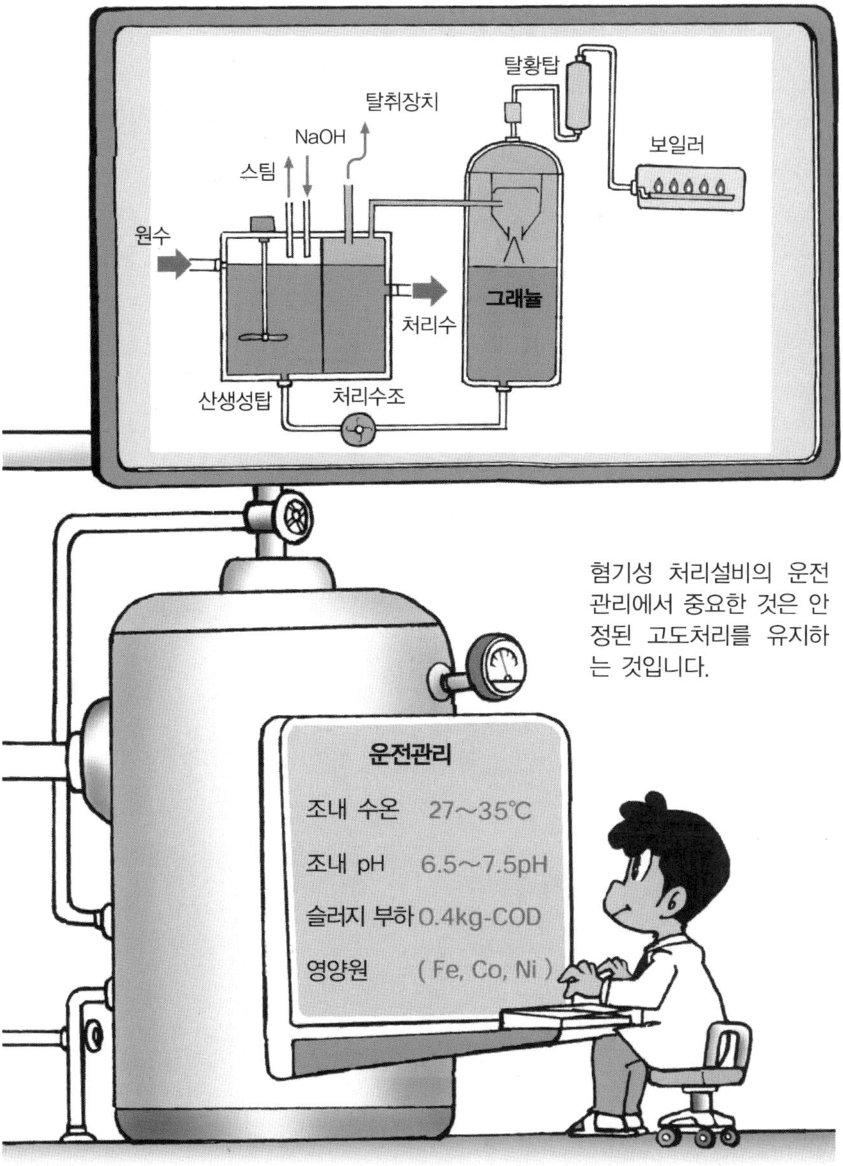

탈황탑

탈취장치

NaOH

스팀

보일러

원수

처리수

그래뉼

처리수

산생성탑

처리수조

혐기성 처리설비의 운전관리에서 중요한 것은 안정된 고도처리를 유지하는 것입니다.

운전관리

조내 수온   27~35℃

조내 pH   6.5~7.5pH

슬러지 부하 0.4kg-COD

영양원   (Fe, Co, Ni)

Check Point

• 반응이 단계적으로 진행하는 혐기성 처리는 각각의 환경을 갖추는 것이 중요합니다.
• 온도나 pH는 상시로 감시할 필요가 있습니다.

13. 오존에 의한
유기 슬러지의 감용화 기술

활성슬러지법이나 생물학적 탈질법에 한정하지 않고 모든 생물처리에는 유기물의 분해과정에서 새로운 균체(슬러지)가 형성되고 그 일부는 자기분해에 의해 액화, 저분자화합니다.

자기분해되지 않고 처리장치 내에 보호·유지되어 끊어지지 않게 된 균체(슬러지)는 잉여슬러지로써 배출합니다. 이 잉여슬러지는 탈수 후 매립처분이나 소각처리 건조나 컴포스트(compost) 처리하여 사료화하는 것이 일반적이지만 처분비용이 고가이기 때문에 그 저감이 요구되고 있습니다.

생물처리에서 생기는 슬러지는 균체가 생성한 것으로 전혀 분해할 수 없는 난분해 물질이 아니라 오히려 분해하기 쉬운 물질이라고 말할 수 있습니다. 그러나 균체의 세포벽은 탄수화물이나 단백질, 지방질에 의한 고분자의 복합성분이고 용이하게 분해되지 않습니다. 이것을 폭기조나 탈질조 내에서 분해시키려고 한 경우 오랜 시간이 소요되며, 대용량의 폭기조나 탈질조가 필요하게 됩니다.

그 때문에 잉여슬러지를 산화제나 산·알칼리 등의 약품으로 처리하거나 고압하에서 열처리하여 세포벽 등을 분해·변성시키는 방법을 생각할 수 있지만 그중에서 현재 가장 효율적으로 이용되는 수단은 산화력이 강한 오존입니다. 오존을 이용함으로써 잉여 유기슬러지의 80% 이상을 용적 축소화하는 것이 가능하게 되었습니다.

오존 처리한 슬러지는 쉽게 분해한다.

오존에 의한 슬러지의 용적축소화 처리는 침전조에서의 반송슬러지의 일부를 오존 반응탑으로 이송하여 오존처리하고 슬러지를 완전히 분해가 용이한 물질로 변하게 하는 것이 포인트입니다. 그리고 그 슬러지를 침전조에 투입하고 폭기조 내에서 배수처리와 병행하여 슬러지분해를 합니다. 또한 오존 처리한 슬러지를 폭기조와 별도로 슬러지 분해만을 하는 호기성 소화조로 이용하여 슬러지분해를 하는 것도 가능합니다. 다음에 상세히 소개하겠지만 슬러지 처리를 전문적으로 하는 호기성 소화조는 컴팩트한 구조로 되어 있습니다.

용어해설 **컴포스트(compost) 처리** : 유기성 슬러지를 유기사료로 만들기 위해 발효시켜 무취가 될 때까지 처리하는 것입니다.

오존처리로 슬러지가 감소하는 시스템

오존에 의해 활성슬러지 중의 미생물 세포먹을 파괴하고, 다시 미생물에 의해 분해시켜 슬러지의 감용화를 도모합니다.

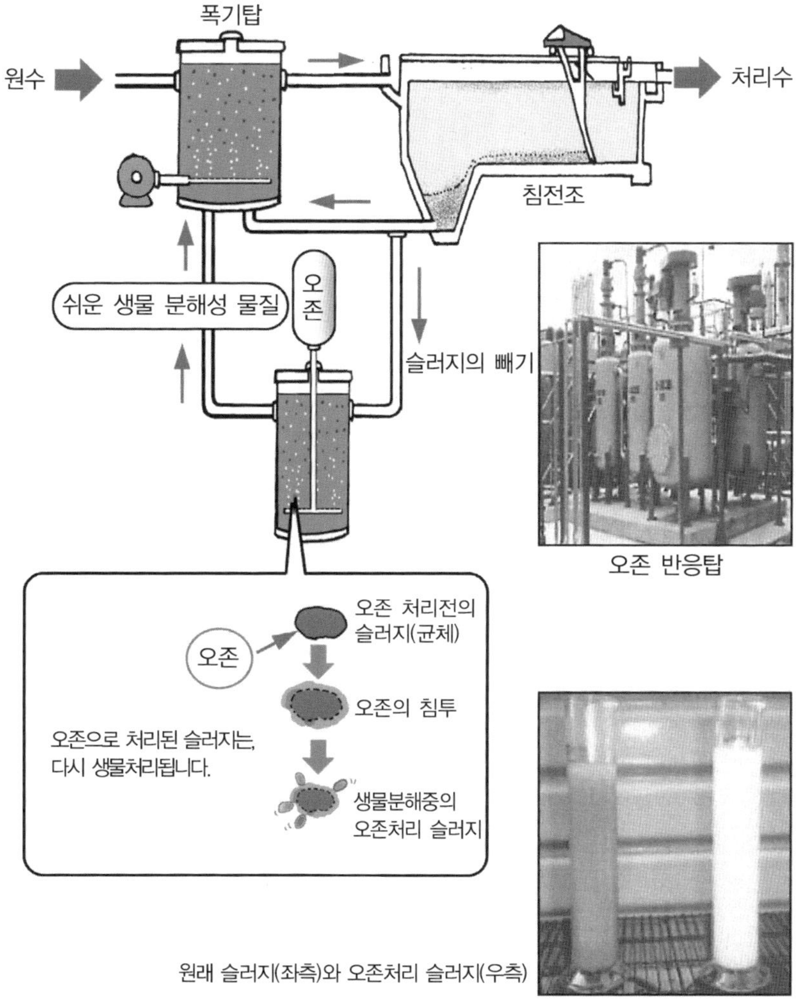

폭기탑

원수 ➡

처리수 ➡

침전조

쉬운 생물 분해성 물질

오존

슬러지의 빼기

오존 반응탑

오존 처리전의
슬러지(균체)

오존

오존으로 처리된 슬러지는,
다시 생물처리됩니다.

오존의 침투

생물분해중의
오존처리 슬러지

원래 슬러지(좌측)와 오존처리 슬러지(우측)

Check Point
- 잉여슬러지의 저감화 대책으로써 등장한 것이 오존에 의한 감용화입니다.
- 침전조로부터의 반송슬러지에 오존을 맞게 하여 분해하기 쉬운 물질로 변화시킵니다.

14. 오존처리와 호열성 세균을 이용한 잉여슬러지의 고속분해

　앞에서 소개한 오존처리에 의한 슬러지의 감용화 기술 중에서 폭기조 내에 오존 처리한 슬러지를 보내는 방식에서는 그 분해와 원수의 BOD 처리가 병행하여 폭기조 내에서 이루어지기 때문에 폭기조의 부하량이 높아집니다. 그 때문에 공기 공급량의 증가와 오존발생과 맞추어 많은 전력을 필요로 합니다.

　이 과제를 해결하기 위해 최소한으로 오존 처리한 슬러지를 폭기조가 아니라 독립한 슬러지 소화 전문조에서 감용화하는 방식이 등장하였습니다.

　활성슬러지를 구성하고 있는 세균의 대부분은 20~35℃의 중온역이 적절한 온도인 중온 세균입니다. 그러나 세균 중에는 최적 생육온도가 50℃ 이상의 호열성 세균(고온 세균)도 존재합니다. 이때 반응조의 온도를 50℃ 이상으로 하면 호열성 세균이 주체가 되어 활약을 시작합니다.

오존처리와 호열성 세균의 특성을 조합한다

　호열성 세균은 이화반응(유기물을 분해하여 에너지를 발생시키는 움직임)이 중온세균보다 강한 점에서 슬러지의 자기 분해속도가 중온 세균 분해속도의 몇 배가 됩니다.

　오존처리는 슬러지를 분해하기 쉬운 물질로 변질하는 최적의 수단으로서, 그래서 오존 처리의 장점과 호열성 세균의 특성을 조합하는 것으로 잉여슬러지의 분해를 고속처리 하는 것이 가능합니다. 이 처리는 종래의 오존처리 슬러지를 폭기조에서 용적 축소화하는 방식과는 다르며, 침전조로부터 잉여슬러지에 상당하는 슬러지량만을 빼어냅니다. 그리고 그것을 원심농축기로 5% 정도까지 농축하고 최소의 오존량으로 오존처리를 합니다. 이렇게 하여 오존처리된 슬러지는 50~55℃의 호기성 소화조에서 호열성 세균에 의해 소화됩니다. 이 방법의 최대 특징은 폭기조의 부하량 증가를 억제하는 것과 잉여슬러지에 상당하는 슬러지만을 오존처리함에 따라 전력비를 절감시킨다는 점입니다.

> **용어해설** **자기 분해** : 세포나 조직이 자기가 가지는 효소에 의해 분해되는 것을 말합니다(=자기 소화).

잉여슬러지의 고속분해 시스템

잉여슬러지의 처리와 고온소화를 조합하는 것으로, 고속슬러지 처리가 가능하게 됩니다.

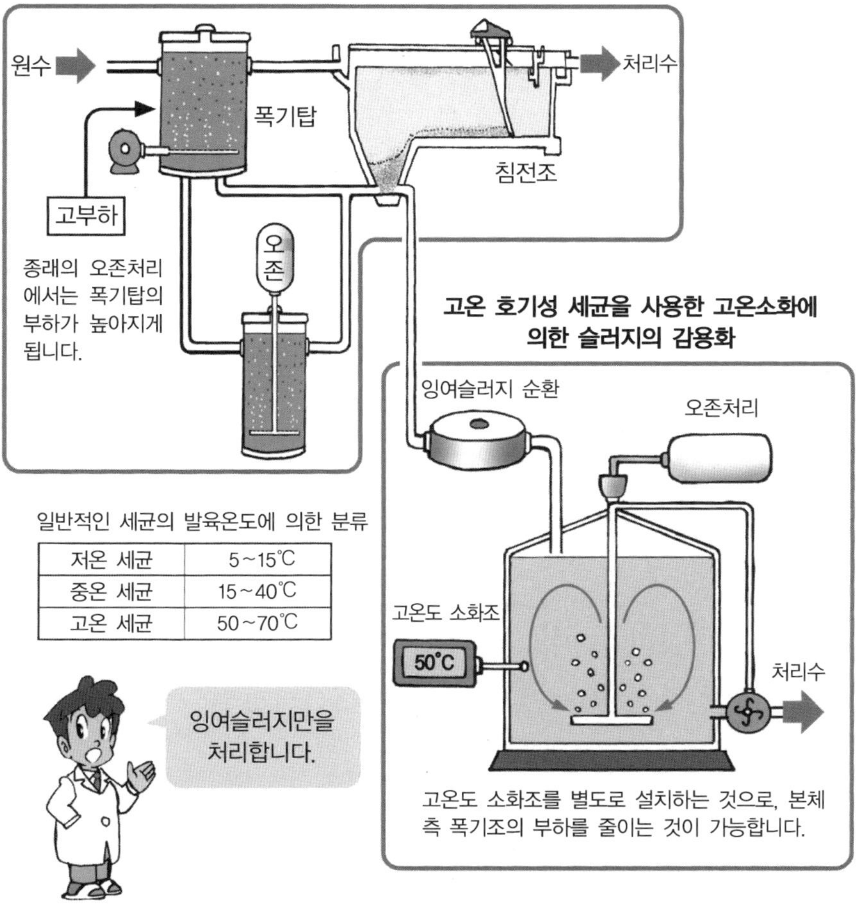

종래의 오존처리에 의한 감용화

원수 ➡️ 폭기탑 ➡️ 처리수

침전조

고부하

종래의 오존처리
에서는 폭기탑의
부하가 높아지게
됩니다.

오존

고온 호기성 세균을 사용한 고온소화에 의한 슬러지의 감용화

잉여슬러지 순환

오존처리

일반적인 세균의 발육온도에 의한 분류

저온 세균	5~15℃
중온 세균	15~40℃
고온 세균	50~70℃

고온도 소화조

50℃

처리수

잉여슬러지만을
처리합니다.

고온도 소화조를 별도로 설치하는 것으로, 본체
측 폭기조의 부하를 줄이는 것이 가능합니다.

Check Point
- 오존을 맞게 한 슬러지를 독립한 소화전문조로 처리합니다.
- 최적 생육온도가 50℃ 이상의 호열성 세균으로 처리시킵니다.

15. 식물연쇄를 이용하여
슬러지 발생 제로를 목표로 한다

지금까지 여러 가지 미생물에 의한 배수 내의 유기물 처리에 대해 알아보았습니다. 다음에는 식물연쇄를 이용한 슬러지 처리방법에 대해 소개합니다.

식물 플랑크톤을 동물 플랑크톤이 포식하고, 그 동물 플랑크톤은 2차 소비자(물고기 등)가 먹이로 하고, 물고기를 3차 소비자인 인간이 먹는 연결고리를 식물연쇄라고 합니다.

이는 활성슬러지법에도 발생하는 현상으로, 슬러지의 주체인 세균을 아메바나 실리가네충 등의 원생동물이 포식하고, 그것을 이끼류나 지렁이 등의 후생동물이 먹는 일련의 식물연쇄가 생기고 있습니다. 이 포식작용에 의해 원생동물이나 후생동물의 영향이 클수록 잉여슬러지의 양은 줄어듭니다.

슬러지 발생을 제로로 하는 것도 가능하다

식물연쇄를 이용한 감용화를 진행하기에는 원생동물이 포식하기 쉬운 균체를 함유하는 슬러지를 형성할 필요가 있습니다. 또한 원생동물은 활성슬러지의 점성 물질까지는 포식하지 않기 때문에 균체가 굳지 않고 분간한 상태의 활성슬러지를 형성시키는 것이 중요하게 됩니다. 그 수단으로서 폭기조를 분할하고, 앞단의 폭기조 내에 스펀지 등의 유동 충진재를 삽입하여 고부하 운전을 함으로써 분산 균체(분산 슬러지)를 증식시킵니다.

이 분산 균체를 실리가네충이나 조우리충 등의 섬모충류가 생육하고 있는 제1 미소 동물조에서 포식시키면서 분산 슬러지를 플록화하면, 침강성이 좋은 슬러지가 형성됩니다. 그리고 이것을 이끼류나 환형동물 등이 있는 제2 미소 동물조에 넣고 원생동물이나 플록 내의 균체를 포식화하면, 슬러지의 용적률이 감소하게 됩니다.

이들의 일련공정으로 잉여슬러지의 발생량은 일반적인 활성슬러지법에 비해 50~80%가 저감되고 이를 잘 활용하면 유기 슬러지의 배출량을 제로(zero)로 하는 것도 가능하게 됩니다.

[용어해설] **잉여슬러지** : 활성슬러지 처리에 있어서, 유기물 처리에서 증식한 미생물의 일부를 폭기조로 되돌려서 활성슬러지 처리를 시키지만, 필요한 미생물을 빼어내고 남은 슬러지를 말합니다.

미생물의 식물연쇄를 이용한 슬러지처리의 시스템

미생물의 식물연쇄를 이용하여 슬러지를 줄이는 것이 가능합니다.

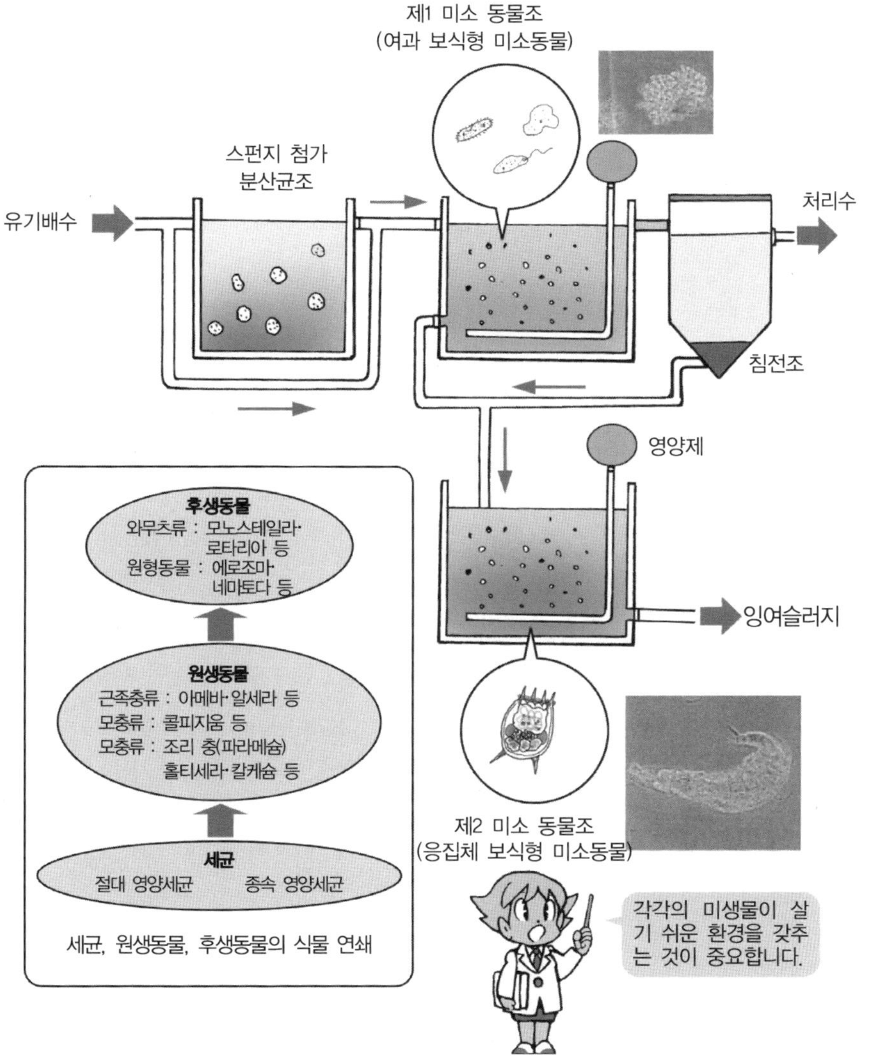

제1 미소 동물조
(여과 보식형 미소동물)

스펀지 첨가
분산균조

유기배수

처리수

침전조

영양제

잉여슬러지

후생동물
와무츠류 : 모노스테일라·
로타리아 등
원형동물 : 에로조마
네마토다 등

원생동물
근족충류 : 아메바·알세라 등
모충류 : 콜피지움 등
모충류 : 조리 충(파라메슘)
홀티세라·칼케슘 등

세균
절대 영양세균   종속 영양세균

세균, 원생동물, 후생동물의 식물 연쇄

제2 미소 동물조
(응집체 보식형 미소동물)

각각의 미생물이 살
기 쉬운 환경을 갖추
는 것이 중요합니다.

Check Point
- 먹는다와 먹힌다의 관계가 연결되어 있는 것을 식물연쇄라고 합니다.
- 식물연쇄를 이용하면, 슬러지발생 제로도 꿈 속의 일은 아닙니다.

물의 사용량과 문화수준

인간은 옛날부터 물 주위(수변)를 생활 거점으로 삼아 왔습니다.
고대문명이 황하, 인더스강, 나일강 등의 유역에서 발생하였듯
인간은 물과 함께 살아가는 생물인 것입니다.

WHO(세계보건기구)에 의하면 인간이 사람다운 생활을 영위
하기 위해서는 최저 1일에 5L의 물을 필요로 합니다. 이 5L라고
하는 수치는 물 환경에 축복받지 않은 지역에서 살아가기 위하여
최소한의 수준으로 생활하는 경우의 물의 양입니다.

물은 문화의 척도라고 말해지고 있습니다만, 문화적 수준이 높
아질수록 물을 많이 사용합니다. 인간이 보통 세면하거나 요리하
는 것만으로 1인당 1일 40~50L의 물을 사용하고 여기에 세탁,
목욕, 화장실, 기타를 합계하면 235L나 됩니다. 더욱이, 고층빌딩
이나 대형병원, 호텔, 기업의 사무실 등에서 사용되는 물을 포함
하면 실제로 1인당 1일에 400~500L의 물을 사용하고 있는 것입
니다.

물은 결코 무한한 것이 아닌 것을 알고 소중히 사용해야겠습
니다.

235리터

제5장

수처리의 슬러지
처리기술

1. 수처리에서 발생하는 슬러지의 종류와 성상

지금까지 배수처리의 여러 가지 방법을 소개하였지만 거기에서는 반드시 슬러지가 발생하였습니다. 이 장에서는 이러한 슬러지를 어떻게 처리할지를 소개합니다.

슬러지를 폐기할 수 있는 상태로 처리하는 설비를 슬러지 처리설비라고 합니다. 이 설비가 양호하게 기능을 하지 않으면 수처리 설비 내에 슬러지가 누적하고 마침내는 처리수로 유출하여 배수 기준값을 큰 폭으로 초월한 배수가 되어 버립니다. 슬러지 처리설비는 수처리할 때에 중요한 역할을 가지고 있습니다.

슬러지는 크게 무기슬러지와 유기슬러지로 나눌 수 있습니다. 무기슬러지는 무기질에 오염된 배수에서 발생하는 슬러지로 여러 종류가 있습니다.

예를 들어, 중금속 수산화물의 대표적인 것으로, 도금배수의 슬러지가 있습니다. 이 경우 도금하는 금속에 따라 Cr, Ni, Cu, Zn 등 다양한 금속 수산화물이 생성됩니다.

한편 유기슬러지는 유기물에 오염된 배수를 활성슬러지법 등의 생물처리를 할 때에 발생하는 슬러지이고 대표적인 것이 하수처리 슬러지입니다.

슬러지 내의 물의 상태는 여러 가지가 있다

통상적으로 슬러지 처리는 탈수기를 사용하여 수분을 제거하고 운송 가능한 케이크(cake) 형상으로 만들지만 일반적으로 물은 슬러지 안에서 다음과 같은 형태로 존재하고 있습니다.

① **혼합수** : 슬러지 입자의 균열이나 입자간의 틈새에 존재하는 수분
② **표면부착수** : 슬러지 입자의 표면에 흡착하고 있는 수분
③ **내수부** : 플록(floc) 형상 슬러지의 내부나 결정 내부에 결합하고 있는 수분
④ **자유수** : 슬러지 입자의 유동성을 지니기 위해 슬러지의 주위에 존재하는 수분

이들 중 가장 수분이 많은 것은 자유수이고 분리도 용이합니다. 따라서 슬러지 내의 물의 상태를 정확히 파악하여 이에 적합한 탈수기를 사용해야 합니다.

용어해설 케이크(cake) : 운송이나 건조, 소각 처분이 용이하게 하도록 수분을 감소시킨 슬러지를 말합니다.

슬러지 속의 물의 상태

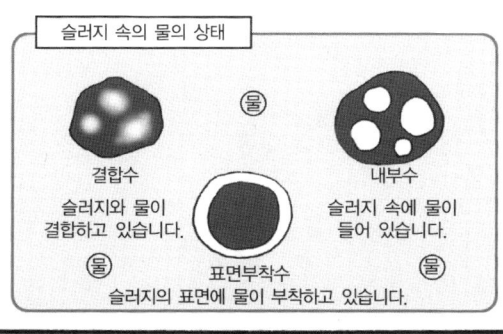

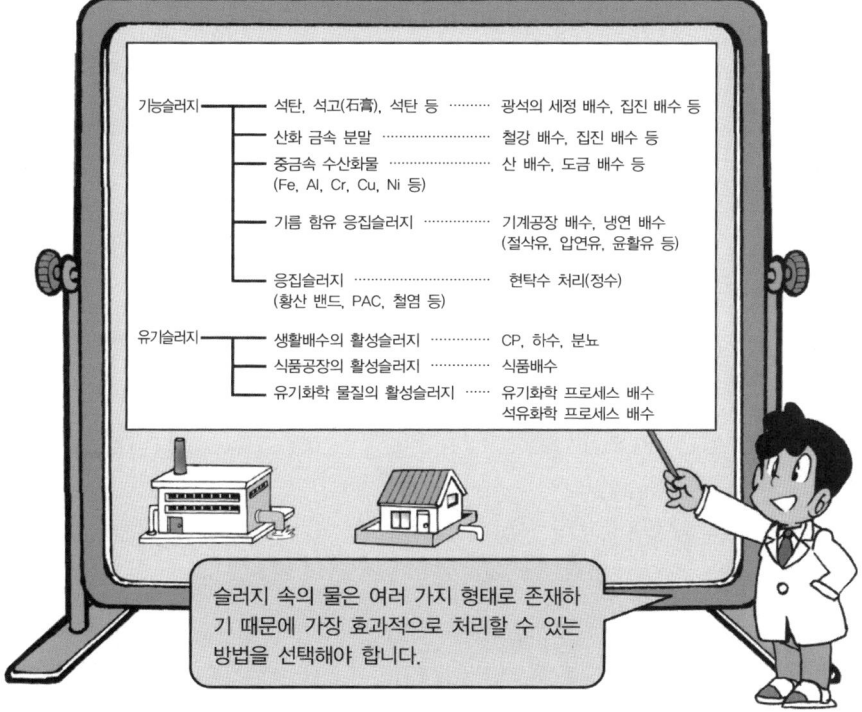

슬러지 속의 물은 여러 가지 형태로 존재하기 때문에 가장 효과적으로 처리할 수 있는 방법을 선택해야 합니다.

Check Point
- 배수처리에서 발생한 슬러지는 탈수하여 처리해야만 합니다.
- 슬러지 속의 물은 결합수, 표면부착수, 내부수, 자유수의 형태로 존재하고 있습니다.

2. 슬러지의 종류에 따른 슬러지 탈수기의 사용

슬리지를 탈수처리할 때에는 대부분의 경우 전처리를 필요로 합니다. 이 전처리라 함은 탈수기의 기종에 따라 슬러지에 함유되어 있는 물을 분리하기 쉬운 상태로 만드는 것으로, 조질과 농축으로 나눌 수 있습니다. 이 중 조질은 슬러지 중에 많이 함유되는 분리하기 어려운 결합수나 표면부착수 혹은 내부수를 약품이나 열에 의해 분리하기 쉽게 하는 조작으로, 슬러지 성상을 변화시켜 탈수효과를 높이기 위해 시행하게 됩니다. 또한 농축은 탈수기의 종류에 관계없이 갖추고 있고 그 방식에는 중력식이 가장 많고 부상식, 원심식 등이 있습니다.

슬러지에 따라 탈수기의 사용을 구분한다

전처리가 끝난 슬러지의 탈수에는 여과식과 원심분리식의 탈수기가 이용됩니다. 여기에는 벨트프레스 여과기, 가압여과기, 진공여과기, 스크류 프레스 탈수기, 다중원판형 탈수기 등이 사용되고 있습니다. 이 중 가압여과기와 진공여과기는 예전부터 많이 이용되어 왔지만 유기성 슬러지를 탈수할 때에 다른 것과 비교하여 탈수성능이나 유지관리성 등의 과제가 많기 때문에 최근에는 일부 특수한 슬러지를 제외하고는 많이 사용되지 않습니다. 이 때문에 유기성 슬러지의 탈수에는 벨트 프레스여과기나 스크류 프레스 탈수기가 많이 사용되고 있습니다.

즉, 유기성 슬러지는 물과의 친화력이 높은 유기물을 대량으로 포함하고 있지만 입자지름이나 형상이 여러 가지로 변화한 압축하기 어려운 슬러지로서 그대로는 탈수가 곤란합니다. 따라서, 탈수성을 개선하기 위해 슬러지의 질을 물리적·화학적으로 처리하고 성상을 안정화시키는 슬러지 조정 조작을 하게 됩니다. 여기에 사용하는 약품은 슬러지 중의 입자지름을 결합시켜 고체와 액체를 분리하기 쉬운 플록(floc)으로 만들어 탈수성을 향상시키는 것으로 유기고분자 응집제와 무기 응집제가 있습니다. 당연히 이들 약품은 탈수기의 종류에 따라 선택됩니다.

용어해설 **친화력** : 화학반응이 진행하여 화합물이 만들어질 때 각각의 원소와 반응하여 화합물을 일으킨다고 생각되는 힘을 말합니다.

여러 가지 탈수기의 특징

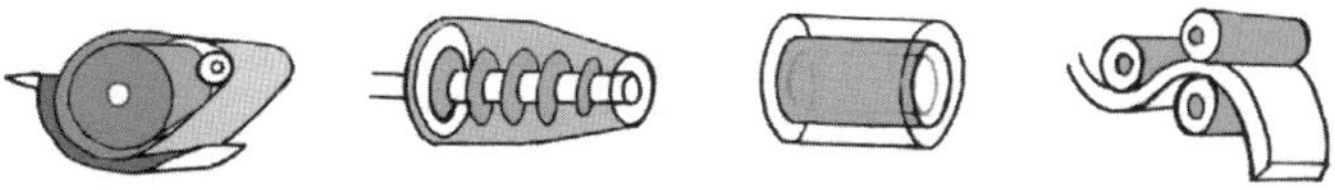

각종 탈수기의 비교[플록(floc) 형상 슬러지에 의한 비교]

항목	진공탈수기	원심탈수기	필터프레스	벨트 프레스
탈수원리	진공에 의한 흡입탈수	원심력에 의해 고액분리	압입여과, 다이아프램 압착에 의한 탈수	중력탈수, 롤에 의한 압착, 전단탈수
케이크(cake) 함수율	75~85%	75~90%	55~65%	70~80%
사용약품	소석회 무기응집제	고분자 응집제 무기응집제+ 고분자 응집제	소석회 및 무기응집제	고분자 응집제 무기응집제+ 고분자 응집제
분리수의 성상	SS : 100mg/L 이하	SS : 100~ 500mg/L	SS : 100mg/L 이하	SS : 100mg/L 이하
트러블 발생	원래의 슬러지 농도 저하로 케이크 (cake)함수율 증가, 여포의 체막힘에 의해 능력저하	원래의 슬러지 농도 변화에 의해 케이크(cake)함수율이 안정되지 않다.	여포의 체막힘에 의해 능력 저하, 원래의 슬러지 농도 저하로 처리량 감소	여포의 체막힘에 의해 슬러지가 넘쳐남, 원래의 슬러지 농도 저하로 처리량 감소
설치면적	중	소	대	중
에너지 소비	중	대	중	소
건설비	싸다	싸다	비싸다	약간 비싸다
약품비	싸다	비싸다	싸다	비싸다
고형물량	증가	변화 없음	증가	변화 없음

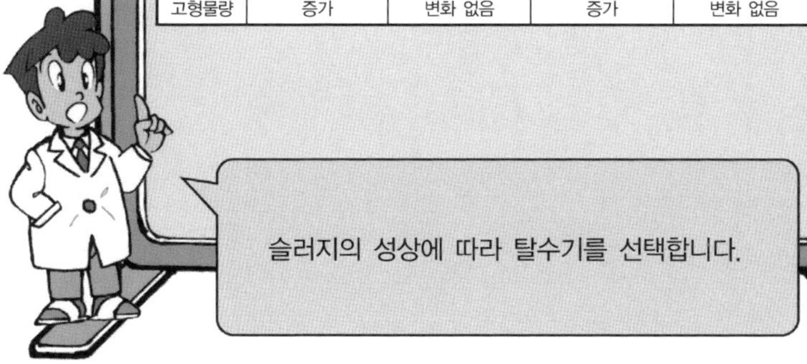

슬러지의 성상에 따라 탈수기를 선택합니다.

Check Point
- 탈수처리에서는 전처리로서 조질과 농축이 이루어집니다.
- 탈수기에는 여과식과 원심분리식이 있습니다.

3. 진공탈수기의 시스템과 이용법

진공탈수기에는 여포(濾布) 고정식과 여포(濾布) 주행식이 있고 회전 드럼의 외주(外周)를 여포로 감싸고 드럼 내부를 진공펌프로 부압(0.04~0.06Mpa)합니다. 이 상태에서 드럼 표면적의 약 30% 정도를 액에 침적하면 케이크(cake) 층이 여포 표면에 부착됩니다. 그리고 케이크 층이 형성되는 속도에 맞추어 드럼을 회전시키면 케이크 층은 공기 중에서 탈수됩니다.

진공탈수는 탄산칼슘, 석영, 기타 철강슬러지 등의 탈수하기 쉬운 슬러지를 약품 주입에 의한 조절 없이 하는 경우에 효과적입니다.

여포식으로 곤란한 슬러지는 연속식 진공 프리코트(pre-coat) 여과기를 사용

슬러지는 진공탈수기의 슬러지조에 공급되어 조 내의 교반기로 교반시키면서 필터 드럼 내의 부압에 의해 여포 표면에 부착되고, 물은 여포를 통과하여 분리 배출됩니다. 여포에 부착한 슬러지는 탈수구간에서 탈수되어 케이크 형상으로 변화되고 케이크를 부착시킨 상태에서 여포는 드럼으로부터 분리됩니다. 그리고 박리 롤에 의해 케이크가 여포로부터 벗겨지고 여포는 다시 드럼 표면에 감겨집니다. 이 밖에 슬러지가 고무질, 클로이드질, 혹은 포박 슬러지와 같이 이 여포식 진공탈수기로 작업이 곤란한 경우에는 연속식 진공 프리코트(pre-coat) 여과기(탈수기)가 사용됩니다.

이 탈수기는 우선 내부 통 면에 두께 50~70mm의 여과 조제층을 만들고 그 위에 여과 케이크를 형성시켜 진공탈수를 합니다. 스크래이퍼 제거는 나이프를 서서히 전진시켜 케이크와 함께 조제(助劑) 층을 1회전에 0.015~015mm씩 깎아서 합니다. 여과속도가 크고 완전한 고액분리를 하는 것이 특징입니다. 즉 플레코트(여과보조제를 부착시킨다)에 필요한 시간은 1시간 이내이고 여과지속시간은 여과 조제층을 깎는 속도에 의해 변화합니다.

> **용어해설** **여과 보조층, 여과 케이크(cake)** : 탈수하기 쉬운 규조토 등을 여과 조제로 사용하는 경우에 이것을 진공 탈수기 여포의 표면에 두껍게 붙여 탈수하고 케이크(cake) 형상으로 한 상태를 말합니다.

진공 탈수기의 시스템

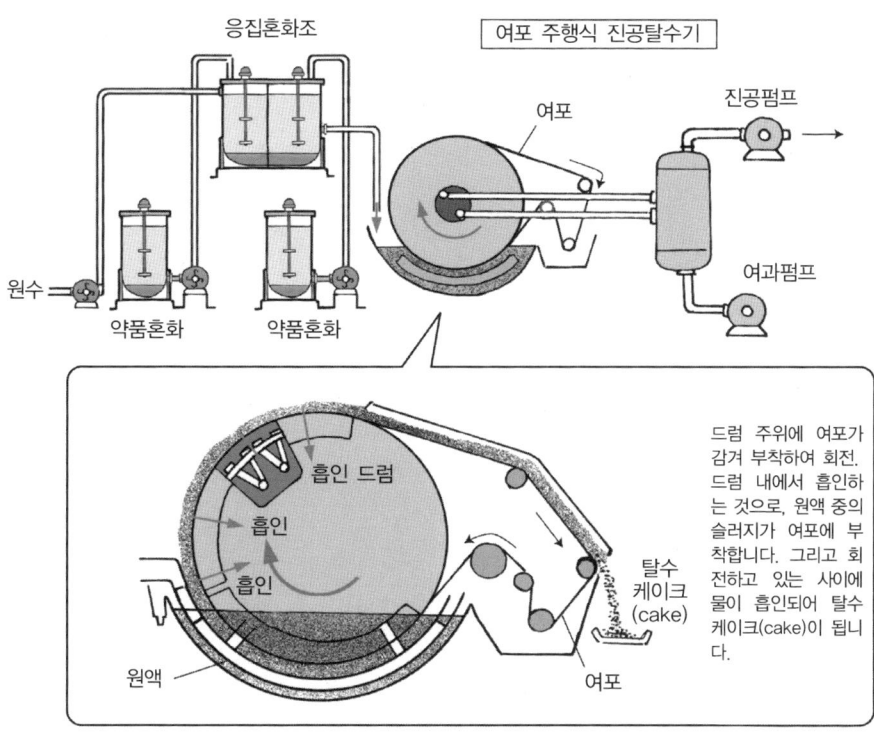

응집혼화조

여포 주행식 진공탈수기

여포

진공펌프

원수

약품혼화   약품혼화

여과펌프

흡인 드럼

흡인

흡인

원액

탈수
케이크
(cake)

여포

드럼 주위에 여포가 감겨 부착하여 회전. 드럼 내에서 흡인하는 것으로, 원액 중의 슬러지가 여포에 부착합니다. 그리고 회전하고 있는 사이에 물이 흡인되어 탈수 케이크(cake)이 됩니다.

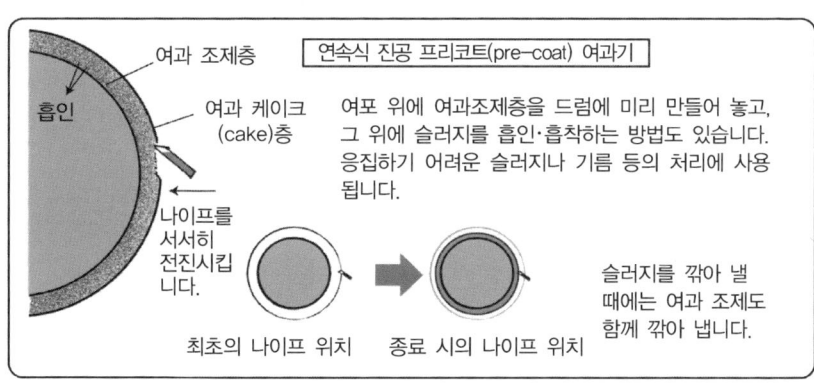

여과 조제층

흡인

여과 케이크
(cake)층

나이프를
서서히
전진시킵
니다.

연속식 진공 프리코트(pre-coat) 여과기

여포 위에 여과조제층을 드럼에 미리 만들어 놓고, 그 위에 슬러지를 흡인·흡착하는 방법도 있습니다. 응집하기 어려운 슬러지나 기름 등의 처리에 사용됩니다.

최초의 나이프 위치   종료 시의 나이프 위치

슬러지를 깎아 낼 때에는 여과 조제도 함께 깎아 냅니다.

Check Point
- 진공탈수기는 드럼 내부를 진공펌프로 부압합니다.
- 슬러지의 성상에 따라 타임을 선택하여 나눕니다.

4. 원심력을 이용하여 분리하는 원심탈수기

액체 중에 있는 고체성분의 분리를 원심력의 작용을 이용하는 것을 원심분리라고 부르며 이때 사용하는 기계가 원심침강기입니다. 원심침강기는 중력의 102~105배 정도의 원심력을 이용하여 분리하기 때문에 고액계(고체와 액체가 혼합한 상태)뿐 아니라 밀도차가 있는 액액계(비중이 다른 액체가 혼합한 상태)의 분리에도 적합합니다.

원심침강기 중에서 디켄터(decanter)형이라 불리는 원심탈수기가 수처리에서 자주 사용됩니다. 이 탈수기는 비교적 농도가 높은 현탁액 혹은 슬러지(물과 슬러지가 혼합한 상태)를 고형물과 청정액으로 분리하는 경우에 이용됩니다.

회전통과 스크류의 회전차로 슬러지를 반송

슬러지는 원심탈수기의 회전축부의 공급관으로부터 회전통 내로 공급됩니다. 동시에 응집제가 공급관의 슬러지 입구부에 주입되어 회전통 내에서 플록(floc)을 형성합니다.

이때에 회전통을 고속(2,000~6,000rpm)으로 회전시키면, 원심력(3,000G 정도)에 의해 슬러지 플록(floc)이 회전통 내벽에 퇴적합니다. 이 상태에서 회전통 내에 설치되어 있는 스크류가 회전통과 근소한 회전 차이로 회전하면서 탈수 케이크(cake)이 되어 배출됩니다. 또한 분리된 청정액은 케이크(cake) 배출구와 반대측의 청정액 유출구(댐)에서 월류(overflow)하여 배수됩니다.

슬러지 공급량이 적거나, 슬러지 농도가 낮은 경우는 댐을 얕게 하여 회전하고 많은 경우는 댐을 깊게 하여 회전합니다. 댐이 깊으면 분리수의 청정도는 좋아지지만 케이크(cake)의 함수율은 높아집니다. 또한 댐이 얕으면 역으로 케이크(cake) 함수율은 낮아지게 되지만 분리수의 청정도는 나빠지기 때문에 그 설정은 슬러지의 상태에 따라 달라집니다.

용어해설 디켄터(decanter) : 원심을 이용하여 물과 고형물을 분리하는 것입니다.

원심탈수기의 시스템

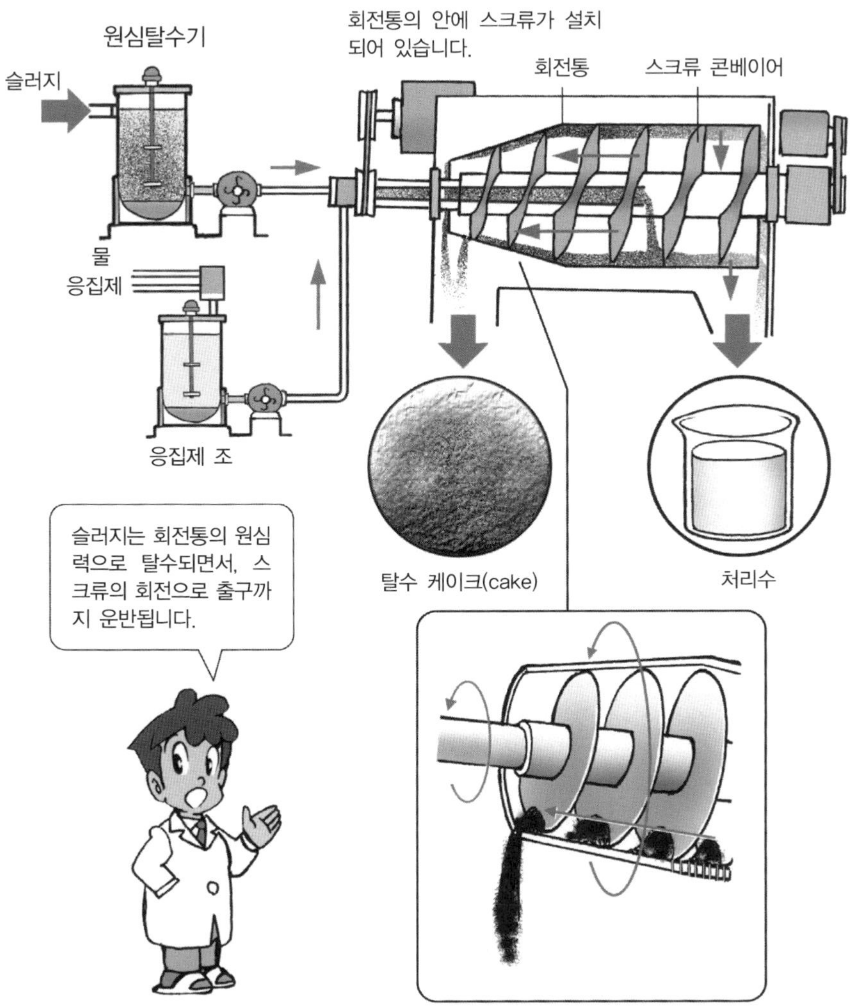

슬러지

원심탈수기

물
응집제

응집제 조

회전통의 안에 스크류가 설치
되어 있습니다.

회전통   스크류 콘베이어

탈수 케이크(cake)

처리수

슬러지는 회전통의 원심
력으로 탈수되면서, 스
크류의 회전으로 출구까
지 운반됩니다.

**Check
Point**
• 원심침강기는 원심력의 작용을 이용하여 탈수합니다.
• 회전통과 안의 스크류의 회전차로 탈수 케이크(cake)를 운반합니다.

5. 슬러지를 여과실에서 가압하는 필터프레스

필터프레스는 슬러지를 제한된 공간에 가압하여 채워 넣어 탈수하는 기계입니다. 이때, 슬러지는 쥐어 짜여지는 형태가 되기 때문에 얻어지는 케이크(cake)는 비교적 함수율이 낮습니다.

필터프레스의 본체 내에는 여포를 붙인 2장의 강판 또는 플라스틱의 판으로 칸막이 처리된 여과실이 몇 개 정도 나란히 있습니다. 이 여과실의 배열방법에 따라 횡형과 종형으로 나뉘고, 여과방법도 편면여과와 양면여과로 나닙니다. 어느 타입이라도 판 전체를 유압으로 체결한 상태이고 각 여과실에 공급관을 통하여 물을 함유한 슬러지를 펌프로 압입합니다. 그리고 모든 여과실에 슬러지가 충만한 후에도 더욱 더 가압하여 슬러지를 지속적으로 채우는 것에 의해 슬러지 중의 수분이 여과되어 탈수가 이루어집니다. 즉 슬러지를 강한 힘으로 밀어넣어 압력을 가하는 것으로 쥐어짜는 것처럼 물을 제거하는 것입니다. 그리고 탈수가 끝나면 판을 체결하고 있던 유압이 해제되어 여과실이 열리고 슬러지가 밑으로 떨어지는 시스템으로 되어 있습니다.

다이아프램으로 가압하는 타입도 있다

필터프레스에는 슬러지를 가압하여 계속하여 보내는 것으로 여과하는 타입과 여과실 내에 다이아프램을 가지는 압착 타입이 있습니다. 이 프레스기에서는 여과실 내가 슬러지로 채워진 후 계속 슬러지를 밀어넣는 것이 아니라 다이아프램 내에 고압의 공기나 물, 기름 등을 압입하여 부풀어 오르게 하는 것으로 슬러지의 양측으로부터 압착력을 가하여 탈수합니다. 여액은 판 내의 홈을 통하고 하부로부터 기계 밖으로 배출됩니다.

다이아프램은 튼튼한 고무 등으로 되어 있고, 고압으로 공기나 물을 압입하여도 파손되는 일이 없습니다. 여과가 완료한 후에는 압착공기를 각 여과실에 불어넣는 것으로 여포에 부착한 케이크를 쉽게 떼어낼 수 있게 합니다. 그리고 판을 열면 여포로부터 박리된 케이크가 하중으로 낙하하여 배출됩니다.

용어해설 다이아프램 : 격막, 나눔판을 말합니다.

필터프레스의 시스템

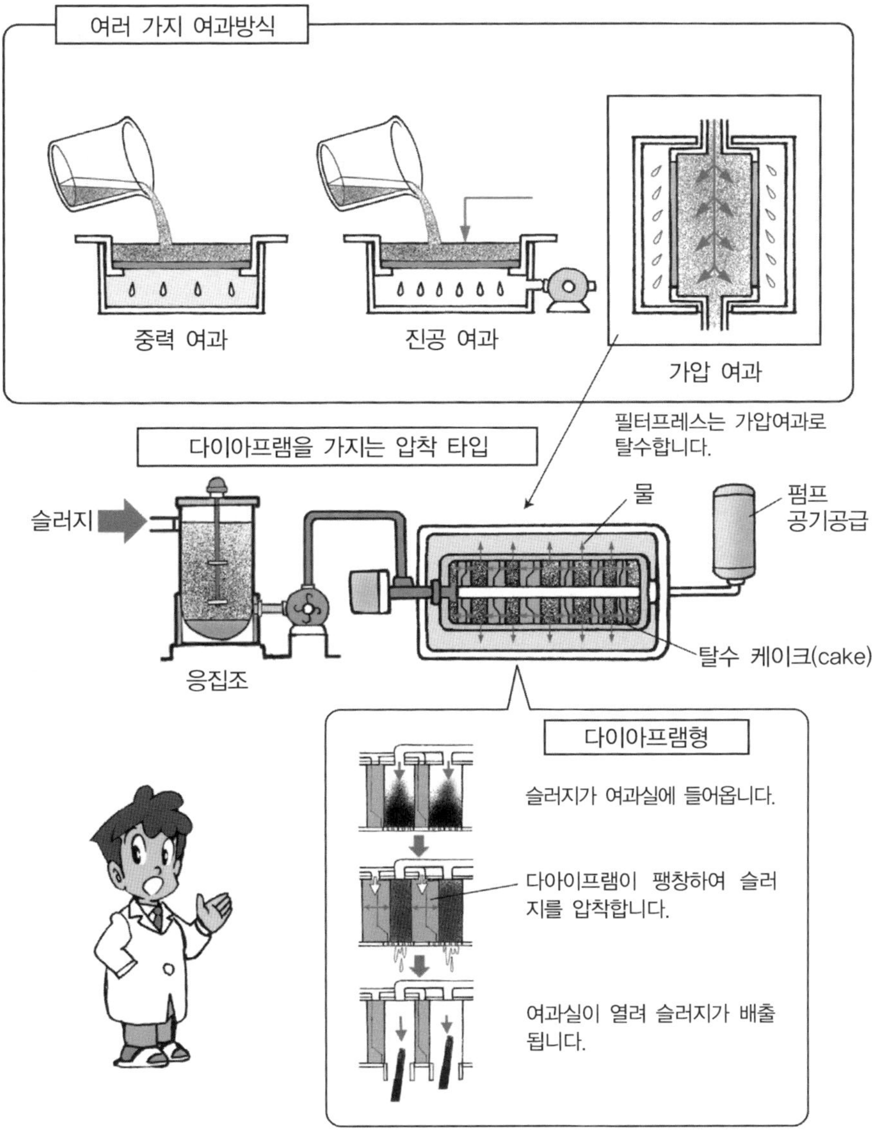

여러 가지 여과방식

중력 여과

진공 여과

가압 여과

필터프레스는 가압여과로 탈수합니다.

다이아프램을 가지는 압착 타입

슬러지

물

펌프 공기공급

응집조

탈수 케이크(cake)

다이아프램형

슬러지가 여과실에 들어옵니다.

다이아프램이 팽창하여 슬러지를 압착합니다.

여과실이 열려 슬러지가 배출됩니다.

Check Point
- 필터프레스는 슬러지를 여과실에서 가압하여 탈수합니다.
- 다이아프램을 이용하여 공기압으로 탈수하는 타입도 있습니다.

6. 벨트프레스와
스크류프레스의 시스템

벨트프레스 탈수기는 다수의 롤 사이를 2장의 여포가 주행하는 구조로 이루어져 있습니다. 이 탈수기에는 우선 응집제를 첨가하여 플록(floc)형상, 혹은 입자형상으로 된 슬러지가 2장의 여포의 사이에 공급됩니다. 그리고 중력여과부에서 플록(floc) 간의 물이 여포를 통하여 배출되고, 상하 여포의 압착에 의해 물과 플록(floc) 입자에 부착된 물이 탈수됩니다. 그리고, 2장의 여포에 끼워진 슬러지는 지그재그로 배열된 전단 압착물로 단계적으로 증대하는 압력과 여포의 지그재그 주행에 의해 생긴 전단력, 압착력에 의해 탈수되어 케이크(cake) 형상이 됩니다.

얻어진 탈수 케이크(cake)는 2장의 여포가 분리할 때에 스크레퍼에 의해 여포로부터 벗겨지고 기계 밖으로 옮겨 나옵니다. 또한 탈수 케이크(cake)를 벗겨낸 여포는 체막힘을 방지하기 위해 압력수에 의해 연속적으로 세정되고 다시 중력 여과부로 돌아옵니다.

스크류프레스의 구조

스크류프레스 탈수기는 원통형상의 스크린과 스크류 날개뿌리로 구성되고 이들 사이의 용적은 탈수슬러지 출구로 향하여 축소된 구조로 되어 있습니다. 응집제에서 조절된 슬러지는 스크류와 스크린 사이에 공급되고, 스크류에 의해 회전·운송되는 것으로 연속적인 탈수가 이루어집니다. 탈수기의 앞부분에서는 중력여과를 하고, 중단에서 후단에 걸쳐 스크류 날개뿌리의 밀어내기에 의한 압착력과 회전에 의한 전단력으로 탈수가 이루어집니다. 분리된 여액은 원통 스크린으로부터 기계 밖으로 배출되는데, 이때 스크류의 회전수는 1분당 2회전 이하로 저속으로 회전합니다.

스크류프레스 탈수기는 스크류 날개뿌리의 압착력과 전단력에 의존하고 있기 때문에, 각 스크류 날개뿌리 사이에서 슬러지의 충진도를 높게 유지하는 것은 처리량에 큰 영향을 줍니다.

용어해설 **압괴· 전단 :** 압괴는 강하게 눌러 쥐어짜는 것이고 전단은 직각방향으로 힘을 걸어 자르는 것입니다.

밸트프레스 탈수의 시스템

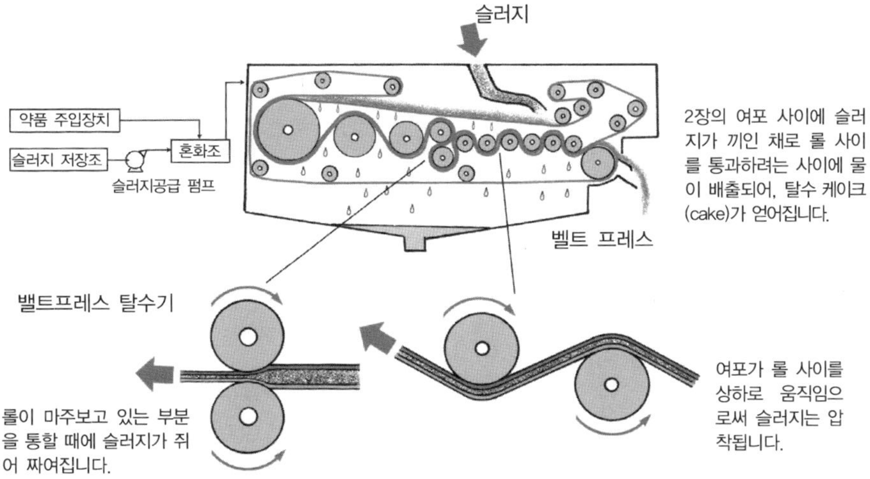

슬러지

약품 주입장치

슬러지 저장조 → 혼화조

슬러지공급 펌프

2장의 여포 사이에 슬러지가 끼인 채로 롤 사이를 통과하려는 사이에 물이 배출되어, 탈수 케이크(cake)가 얻어집니다.

벨트 프레스

밸트프레스 탈수기

여포가 롤 사이를 상하로 움직임으로써 슬러지는 압착됩니다.

롤이 마주보고 있는 부분을 통할 때에 슬러지가 쥐어 짜여집니다.

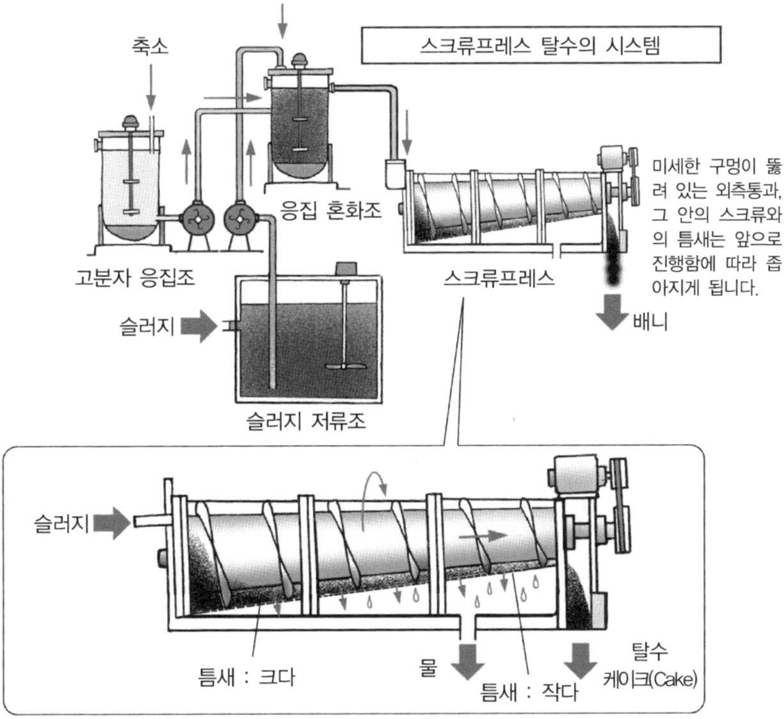

축소

스크류프레스 탈수의 시스템

응집 혼화조

미세한 구멍이 뚫려 있는 외측통과, 그 안의 스크류와의 틈새는 앞으로 진행함에 따라 좁아지게 됩니다.

고분자 응집조

스크류프레스

슬러지

배니

슬러지 저류조

슬러지

틈새 : 크다   물   틈새 : 작다   탈수 케이크(Cake)

Check Point

• 벨트프레스 탈수기는 슬러지를 2장의 여포로 끼워 탈수합니다.
• 스크류프레스 탈수기는 원통형상의 스크린과 스크류의 사이에서 슬러지를 탈수합니다.

7. 에너지 절약형의 다중 원판탈수기

다중 원판탈수기는 얇은 원판과 스페이서를 조합하여 나란한 통 형상의 여과체에 틈새를 두어 상하로 몇 개 정도 배치한 구조로 되어 있습니다. 그리고 이 여과체를 구동장치로 이용하여 일정 방향으로 회전시킴으로써 슬러지가 운반되는 도중에 탈수가 이루어집니다.

여과는 폭넓은 여과체의 사이를 통하여 이루어지기 때문에 큰 여과면적을 확보할 수 있는 것이 특징입니다. 또한 이 경우의 탈수는 인접하는 얇은 원판과 스페이서의 사이에서 물만 통과하여 떨어지는 중력작용이 주체가 되기 때문에 가압이나 진공을 필요로 하지 않는 에너지 절약형 탈수기입니다.

회전하는 여과면에서 효율적으로 배수

이 장치를 사용한 실제의 탈수에서는 우선 처리하는 슬러지를 응집조에서 응집제와 혼합함으로써 완전하게 플록(floc)화해야만 합니다. 그 이유는 여포 등을 사용하지 않고, 원판의 틈새에서 물을 배출하는 구조상, 플록화가 불완전하고, 여액과 함께 슬러지가 유출될 염려가 있기 때문입니다.

이렇게 하여 전처리가 이루어진 슬러지는 탈수기 본체로 공급되지만, 최초로 중력 탈수부에서 물이 아래로 배출되고, 슬러지는 서서히 농축되면서 이동하여 갑니다. 그리고 탈수부까지 옮겨지면 이번에는 차례대로 틈새가 좁아지게 되는 상하의 여과체의 테이퍼형상 배치에 의해 압축 탈수가 이루어집니다.

또한 상하의 여과체는 입구와 출구에서 회전수에 차이를 두고 있기 때문에 슬러지는 혼합되는 것 같은 상태에서 더욱더 탈수 여과가 촉진됩니다. 이렇게 뒤흔들리면서 쥐어짜여진 슬러지가 출구에 도착할 즈음에 탈수가 종료됩니다. 또한 여과체는 원판과 스페이서가 상호 간에 이빨이 맞도록 배치되어, 항시 회전하고 있기 때문에 여과면이 연속적으로 재생됩니다. 따라서 여과면에서 체막힘은 없지만 여액 중에 함유되는 고형물에 의한 폐색방지를 고려하여 자동세정을 하는 기능이 부착되어 있습니다.

> **용어해설** 테이퍼형상 : 상대하고 있는 면이 대칭적으로 경사하고 있는 원추형의 부분을 말합니다.

다중 원판탈수기의 시스템

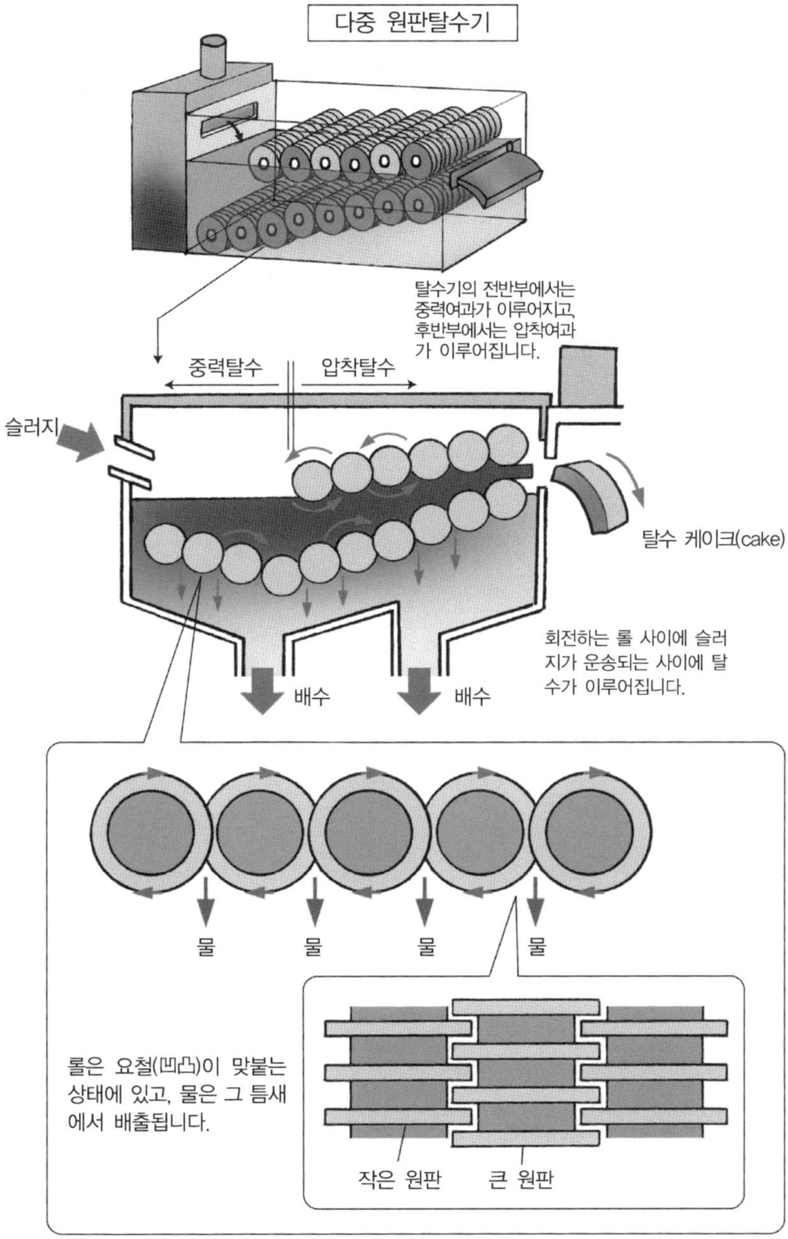

다중 원판탈수기

탈수기의 전반부에서는
중력여과가 이루어지고,
후반부에서는 압착여과
가 이루어집니다.

중력탈수　　압착탈수

슬러지

탈수 케이크(cake)

회전하는 롤 사이에 슬러
지가 운송되는 사이에 탈
수가 이루어집니다.

배수　　배수

물　　물　　물　　물

롤은 요철(凹凸)이 맞붙는
상태에 있고, 물은 그 틈새
에서 배출됩니다.

작은 원판　　큰 원판

Check Point
- 다중 원판 탈수기는 상하의 여과체 사이에 슬러지를 통과시키면서 탈수를 합니다.
- 대소(大小)의 원판과 작은 원반이 회전하여 만남으로써 여과면은 연속 재생됩니다.

8. 다중 원판 외몸통형 스크류 프레스

다중 원판 외몸통형 스크류 프레스 탈수기는 다중 원판식 탈수기와 스크류 프레스 탈수기의 특징을 지닌 탈수기입니다. 이 탈수기는 가동식과 고정식의 얇은 원반이 상호 간 몇 개 나란한 여과부의 안에 일정속도로 회전하는 스크류가 조합된 구조로 되어 있습니다.

기본적인 여과의 원리는 스크류의 회전에 따라 나사산 부분이 가동판을 순서대로 눌러 올리는 것으로, 고정판과의 사이에서 생기는 틈새를 통해 슬러지 안의 물이 배출되는 시스템입니다.

가동판의 움직임으로 체막힘하지 않는다.

탈수기는 전반부와 후반부로 기능이 나누어지는데, 전반부의 농축부에서는 스크류의 나사산으로 눌러지고, 가동판의 움직임으로 발생하는 고정판과의 틈새에서 효율적으로 물이 분리됩니다. 이때 수분량이 감소하며, 슬러지는 농축되고, 스크류의 회전에 의해 장치의 앞쪽으로 운반되어 가며, 이 장치의 가동판이나 고정판과 스크류 사이의 용적은 서서히 작아지게 됩니다. 즉 장치의 후반부에서는 슬러지에 압착력이 발생하는 형태가 되고, 이것에 의해 탈수가 완전히 이루어지는 구조로 되어 있습니다. 더욱이 가동판의 움직임에 의해 슬러지입자 사이에는 단차가 생기고 입자 사이에 존재하는 물도 동시에 배제됩니다. 즉 여과부의 가동판과 고정판의 틈새는, 농축부에서 0.5mm, 탈수부에서 0.3mm, 0.15mm이며, 케이크(cake) 배출구로 향할수록 좁아지게 되어 있습니다. 이 탈수기에서는 여과부를 관통하는 스크류의 나사산에 의해 가동판이 상시로 움직이게 되어 있기 때문에 여과부에서 체막힘이 일어나지 않고, 세정수는 불필요하게 됩니다.

따라서, 이 탈수기는 침전지를 설치하지 않는 소규모 하수처리장에 적합하며, 산업배수 슬러지 등 주로 폭기조에서 직접 뽑아낸 저농도이며, 농도 변화가 적은 잉여 슬러지에도 대응이 가능합니다.

용어해설 **스크류** : 나사형 콘베이어를 의미합니다.

다중 원판 외몸통형 스크류 프레스의 시스템

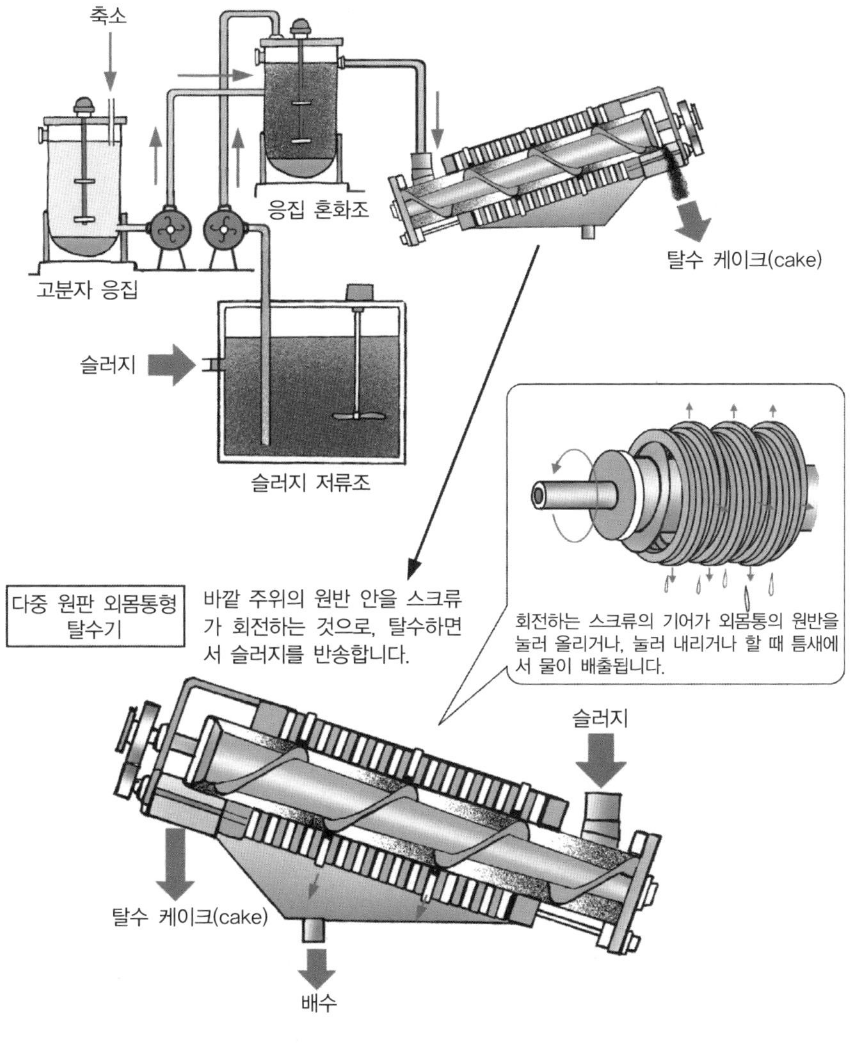
축소
응집 혼화조
탈수 케이크(cake)
고분자 응집
슬러지
슬러지 저류조
다중 원판 외몸통형
탈수기
바깥 주위의 원반 안을 스크류
가 회전하는 것으로, 탈수하면
서 슬러지를 반송합니다.
회전하는 스크류의 기어가 외몸통의 원반을
눌러 올리거나, 눌러 내리거나 할 때 틈새에
서 물이 배출됩니다.
슬러지
탈수 케이크(cake)
배수

Check Point

- 다중 원판 외몸통형 스크류 프레스 탈수기는 다중 원판식 탈수기와 스크류 프레스 탈수기의 특징을 병행하여 가지고 있습니다.
- 여과부의 공극에서 체막힘이 일어나지 않고 세정이 불필요합니다.

물과 신체

인간의 몸의 60%는 물입니다. 인간에게 있어서 물은 굉장히 중요한 존재입니다. 체내의 겨우 1%의 물이 손실되는 것만으로 인간은 심한 목의 갈증을 느낍니다.

또한 하루 정도 물을 마시지 않고 있으면 신체의 약 2.5%의 수분을 잃어버려 탈수열이라고 불리는 열을 내고, 이것이 더욱더 진행하면 환각증상으로 이어집니다. 이렇게 되면 체내의 나트륨, 칼슘 등의 밸런스가 깨지고, 최악의 경우에는 탈수증상에 의해 죽음에 이르는 경우도 있습니다.

탈수증상은 아이의 경우 5% 정도 부족하게 되면 발생하고, 어른의 경우는 2~4% 부족하게 되면 현저한 증상이 나타난다고 합니다.

여름철에 옥외에서 운동하는 경우에는 수분 보충을 충분하게 하는 것이 무엇보다도 중요합니다.

제**6**장

빠르고 깨끗하게
실현되는 새로운
수처리장치

1. 플록을 빠르고 효율적으로
침전시키는 고속 침전조

수처리에 있어서 침전조는 약품을 주입하여 혼화하는 것으로 플록(floc)을 형성시킵니다. 크게 성장한 플록은 침전·분리하는 것을 목적으로 하고, 물을 정화하는 역할을 가지고 있습니다. 당연히 침전조는 침전이나 슬러지배출의 기능이 있어야만 합니다.

이 중에서 침전기능이라 함은 배수와 함께 유입된 현탁물질을 효과적으로 침전시키는 일이고, 그 효율을 높이기 위해서 다음과 같은 방법이 있습니다.

① 침전조의 분리면적을 크게 한다.

② 플록의 침강속도를 크게 한다.

③ 처리량을 작게 한다.

이 중에서 분리면적을 넓히는 수단으로는 내부에 경사판을 설치한 침전조를 이용하거나, 플록의 침강속도를 크게 하여 침전효과를 높이기 위한 응집제와 응집보조제의 종류, 응집조작의 방법 등과 같은 많은 연구가 이루어져 있습니다.

물 흐름을 흐트리지 않고 분리속도를 향상시키는 고속 침전조

이러한 기초적인 연구의 성과에서 새로운 활성이 있는 미소 플록을 이미 만들어진 플록과 접촉시키는 것으로 더욱더 큰 플록으로 만드는 고속침전법이라 불리는 것이 일반화되어 있습니다.

고속 침전조는 침전조에서 발생하고 있던 물 흐름의 흐트러짐을 최대한 배제하고, 일정시간에 보다 많은 배수를 처리할 수 있도록 한 것입니다. 구체적으로는 '디스트리뷰트'라고 불리는 흡출구를 침전조 내의 바닥부에 설치하고, 여기에서 원수를 공급하는 것으로 물 흐름을 흐트리지 않고, 결과적으로 플록의 분리속도를 빠르게 하고 있습니다.

또한 최근에는 응집단계에서 모래입자를 첨가하여 플록의 핵으로 하고, 무거운 플록을 형성하여 침전의 촉진을 돕는 장치도 개발되고 있습니다.

용어해설 **혼화** : 달라진 용액이나 약품을 혼합하는 것을 말합니다.

고속 침전조의 시스템

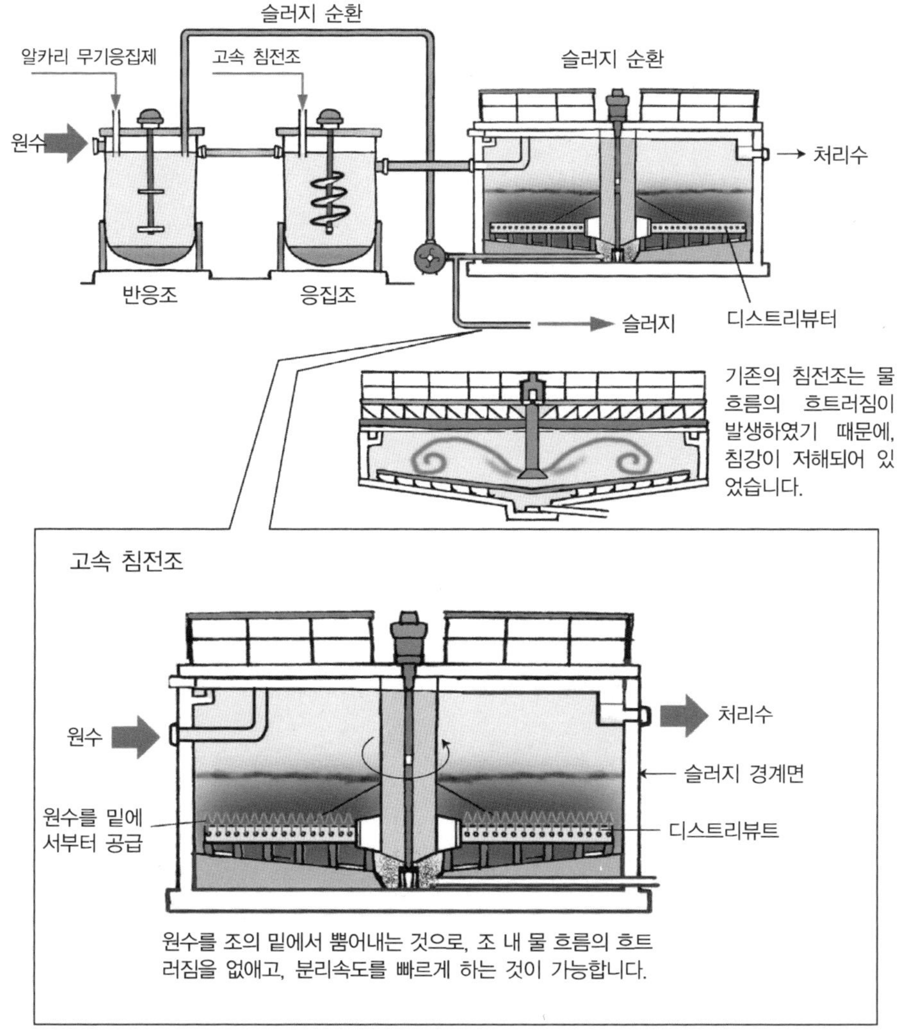

슬러지 순환

알카리 무기응집제

고속 침전조

슬러지 순환

원수

반응조

응집조

처리수

슬러지

디스트리뷰터

기존의 침전조는 물 흐름의 흐트러짐이 발생하였기 때문에, 침강이 저해되어 있 었습니다.

고속 침전조

원수

처리수

슬러지 경계면

원수를 밑에 서부터 공급

디스트리뷰트

원수를 조의 밑에서 뿜어내는 것으로, 조 내 물 흐름의 흐트 러짐을 없애고, 분리속도를 빠르게 하는 것이 가능합니다.

Check Point
- 처리수의 침전조는 침전효율을 올릴 필요가 있습니다.
- 고속 침전조는 물 흐름의 흐트러짐을 배제하여 일정시간에 보다 많은 배수를 처리할 수 있습니다.

2. 플록을 빠르고 효율적으로 부상시키는 고속 가압부상조

플록(floc)을 미세한 기포에 부착시켜 분리하는 부상분리법은 침전법과 비교한다면 동력비가 크지만 다소 비중을 높여도 적용이 가능하고 장치 자체도 컴팩트하여 분리효율이 좋으며, 게다가 분리된 슬러지의 농도가 높다는 점에서 많은 장점이 있습니다.

그 때문에 배수의 고도처리나 재이용이 필요한 공장, 혹은 제지공장과 같이 다량의 배수가 발생하는 경우 등에 유효하게 이용됩니다. 또한 부영양화가 진행한 호수나 연못 등을 수원으로 한 공업용수 등에서는 조류의 영향에 의해 응집 플록이 난침강성이 되기 때문에 용수처리의 전처리로써 많이 이용되고 있습니다.

종래의 부상분리 설비에서는 조 내에 난류가 발생하게 되고, 응집 플록의 분리효율을 높이기 위해서는 체류시간을 길게 하거나 분리조의 용량도 크게 할 필요가 있습니다.

플록에 하강수류를 부여하지 않는 구조

이러한 문제를 해결하기 위해 생각해낸 것이 고속 가압부상조입니다. 이 장치는 디스트리뷰트를 부상조 상부에 설치하여 이곳으로부터 플록을 함유한 원수를 조 내에 공급합니다. 이 구조를 채용하여 플록에 하강방향의 물 흐름을 보태지 않고 난류를 발생시키는 일이 없도록 연구되고 있습니다.

또한 기포의 발생에는 가압식을 채용하고 처리수에 공기를 주입하여 용해시키며, 기액분리조에서 여분의 남는 공기를 분리한 가압수를 배수와 혼합시켜 플록과 기포를 부착시킵니다.

공기의 주입방법은 특수한 구조의 펌프 흡입구에서 직접 대기압의 상태에서 흡입하기 때문에 컴프레셔 등의 공기원 설비가 불필요하다는 등의 특징을 가집니다.

용어해설 **컴프레셔 :** 압축공기를 만드는 기구입니다. 통상적으로는 100Kpa 정도 이상의 압축공기를 만드는 기구를 말합니다.

고속 가압부상조의 구성

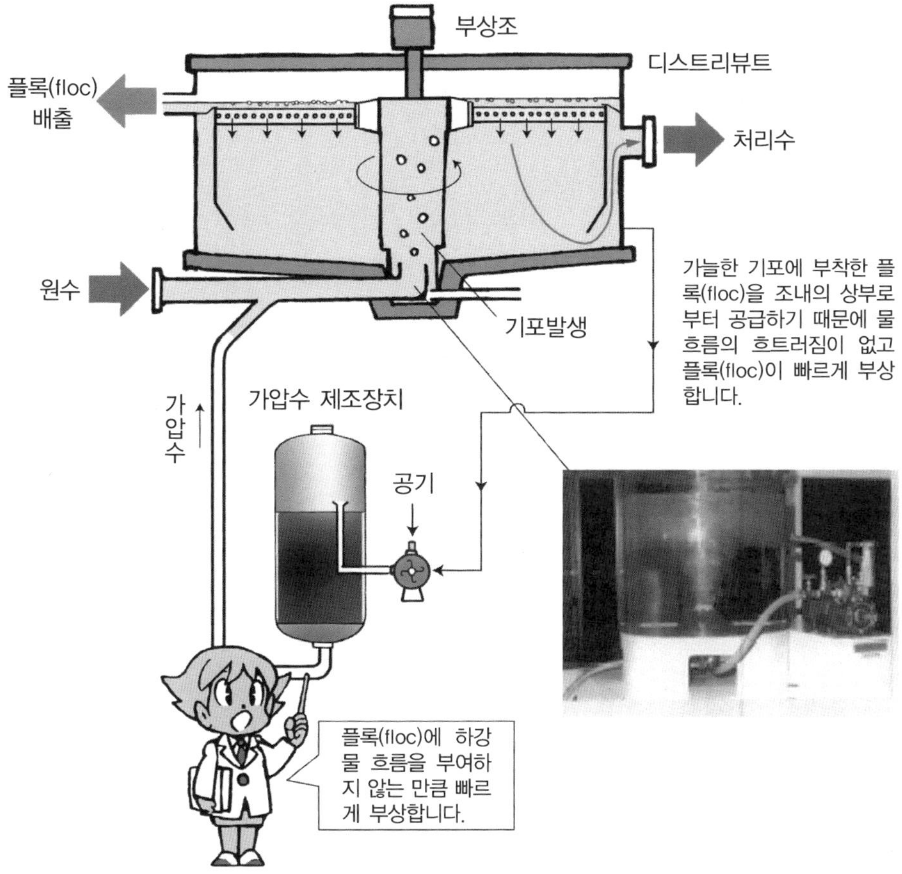

부상조

디스트리뷰트

플록(floc)
배출

처리수

원수

기포발생

가늘한 기포에 부착한 플록(floc)을 조내의 상부로부터 공급하기 때문에 물 흐름의 흐트러짐이 없고 플록(floc)이 빠르게 부상합니다.

가압수 제조장치

가압수

공기

플록(floc)에 하강 물 흐름을 부여하지 않는 만큼 빠르게 부상합니다.

Check Point
- 기존의 부상분리설비에서는 조내에 난류가 발생하여 분리에 시간이 소요되었습니다.
- 고속 가압부상조는 물 흐름의 흐트러짐을 발생시키지 않도록 고안되어 있습니다.

제6장 빠르고 깨끗하게 실현되는 새로운 수처리장치_ 153

3. 여과 속도를 올리는 고속 2층 여과기

여과는 모래 등의 입자물질을 여과재로 한 여과기에 배수를 통하여 현탁물질을 여과재 간격으로 보충·분리하는 고액분리의 가장 일반적인 방법입니다. 여과는 여과재 표면의 틈새뿐 아니라 여과재 내 깊은 곳에서도 이루어집니다. 다만, 이와 같은 방법으로 처리할 수 있는 현탁물질의 농도는 한정되고, 기껏해야 수 mg/L~수십 mg/L입니다. 그 때문에 기존에는 주로 상수도에서 탁질 제거의 목적으로 이용되었으나, 최근에는 배수처리 분야에서도 최종처리로써 중요시되고 있습니다.

배수처리에 여과를 이용하는 경우 여과재에는 일반적으로 모래가 이용되고 언슬라사이트나 석류석, 화학섬유 등도 사용됩니다. 또한 형태로서는 단층 모래여과나 2층 여과(모래＋언슬라사이트)가 많이 이용되고 있습니다.

다만, 이러한 여과에서는 보충된 물질을 어떻게 배출할지가 큰 과제입니다. 일반적으로는 일정시간 여과한 후에 물을 역방향으로 흘려보냄으로써 역세하는 것이지만 기름 등이 남아 있는 경우에는 아무래도 역세시간이 길어지게 됩니다. 그래서 이와 같은 문제를 해결하기 위해 물과 공기의 혼합수에 의해 역세하도록 한 것이 고속 2층 여과기입니다.

효율적인 역세가 고속인 여과를 실현

종래의 2층 여과기에서는 공기와 물을 개별적으로 사용하여 역세하는 방식이었기 때문에 역세 시에 여과층의 깊은 곳까지 침입한 탁질을 충분히 배출하는 것이 불가능하였습니다. 그런데, 고속 2층 여과기에서는 여과탑의 상부에 기·액·고체의 분리가 가능한 연구를 함으로써 역세의 강화가 가능하게 되고, 이로 인해 여과층의 깊은 곳까지 침입한 SS의 배출이 가능해졌습니다. 결국, 재생이 완벽하게 이루어지도록 하기 위해 여과 시에는 통수량을 많게 하고, 여과재의 안쪽까지 충분히 사용할 수 있는 점에서, 고속으로 안정한 여과처리를 할 수 있게 되는 것입니다.

용어해설 **석류석** : 마그네슘·철·망간·칼슘·알루미늄이 되는 규산염 광물입니다. 주로 연마제로 이용합니다.

고속 2층 여과기의 시스템

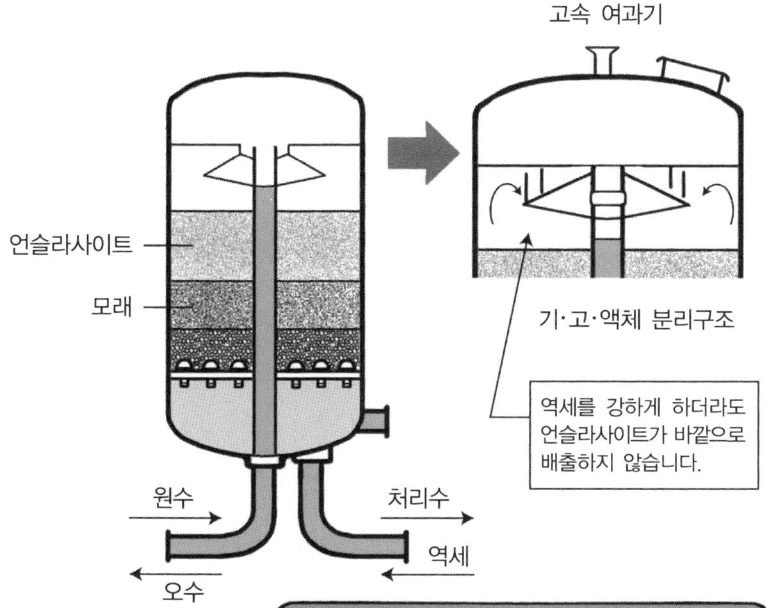

고속 여과기

언슬라사이트

모래

기·고·액체 분리구조

역세를 강하게 하더라도 언슬라사이트가 바깥으로 배출하지 않습니다.

원수

처리수

역세

오수

여과속도의 비교

여과기의 종류	여과속도(m/h)
단층 모래 여과	5~10
2층 여과	8~16
고속 2층 여과	15~40

Check Point
- 고속 2층 여과기는 물과 공기의 혼합수에 의한 역세가 가능합니다.
- 효율적인 역세에 의해 여과 시의 통수량을 많게 할 수 있어, 고속 여과가 가능합니다.

4. 통수하면서 활성탄의 교환이 가능한 다단 유동층식

배수처리나 하수처리에서는 처리수의 재이용이나 방류하는 하천의 수질보전을 위해 고도처리가 이루어집니다. 또한 상수도의 정화에서도 곰팡이 냄새나 유해한 트리할로메탄 생성의 원인물질인 유기물, 아미노산 등의 제거에 고도 정수처리가 이루어지고 있습니다.

일반적으로 이들의 고도처리에는 활성탄에 의한 흡착처리가 주류입니다. 활성탄에는 입자형상과 분말형상이 있습니다만, 작업성 등을 고려하여 일반적으로 입자형 활성탄이 사용됩니다. 이 입자형 활성탄은 크게 석탄계와 야시가라계가 있지만, 배수 중의 제거성분은 일반적으로 다양한 성분으로 이루어져 있어, 이것에 대응하기 위해 가늘면서 구멍지름 분포가 넓은 석탄계가 적합합니다.

활성탄 흡착장치에는 필요량의 활성탄을 충진하고 흡착 포화한 활성탄을 한 번에 바꿀 수 있는 고정상식과 필요한 최저의 활성탄을 충진하고 포화활성탄을 조금씩 꺼내어 자동적으로 보충하는 다단 유동층식이 있습니다.

통수하면서 신탄으로 바꿀 수 있는 다단 유동층식

장치가 간단한 고정상식은 기존부터 많이 사용되어 왔지만 활성탄이 흡착 물질로 포화되면 전량 꺼내어 신탄 또는 재생탄으로 바꿀 필요가 있습니다. 한편, 다단 유동층식은 흡착탑 내의 구획 판(칸막이 판)을 다단으로 나눌 수 있기 때문에 신탄은 탑상부에서 공급되고 각 단의 구획 판(칸막이 판)을 통하여 조금씩 탑 내를 낙하하고 탑의 하부에서 폐탄으로 배출됩니다. 즉 통수를 하면서 신탄의 공급과 폐탄의 배출이 연속적으로 가능해진 것입니다.

또한 각 단의 활성탄은 유동상태로 되어 있어 외부에서 배수를 유입시켜 각 단의 활성탄과 접촉시키면서 탑 꼭대기 부에서 처리수로써 유출하는 구조가 됩니다. 즉 각 단의 활성탄이 수중에서 자유롭게 움직이기 때문에 탁질에 의한 체막힘이 없고 흡착속도가 빠른 소입자 지름의 활성탄도 사용할 수 있는 많은 우수한 특징을 가지고 있습니다.

> **용어해설** **아미노산 :** 지중에 매몰한 동식물이 생물 분해하여 생기는 여러 종류의 유기물의 총칭입니다.

다단 유동층 활성탄소 흡착탑의 시스템

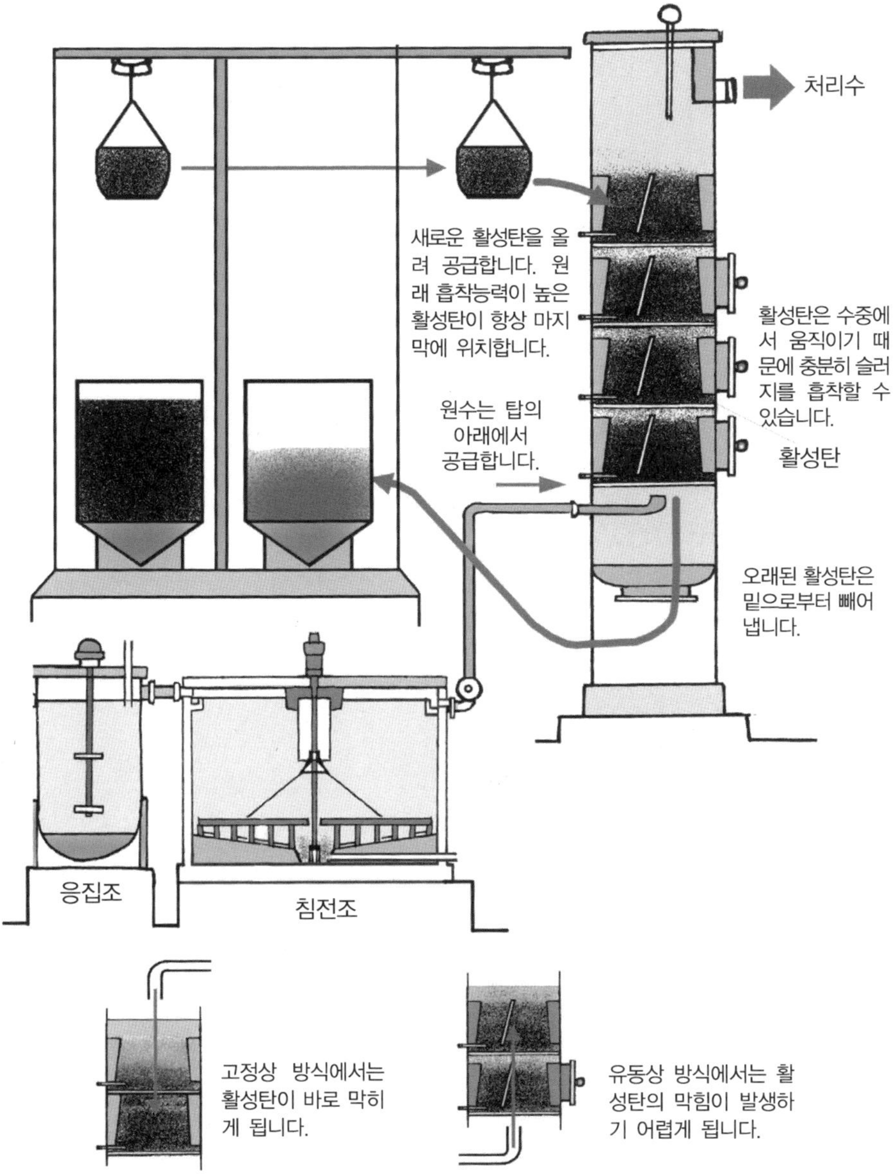

처리수

새로운 활성탄을 올려 공급합니다. 원래 흡착능력이 높은 활성탄이 항상 마지막에 위치합니다.

활성탄은 수중에서 움직이기 때문에 충분히 슬러지를 흡착할 수 있습니다.

원수는 탑의 아래에서 공급합니다.

활성탄

오래된 활성탄은 밑으로부터 빼어냅니다.

응집조

침전조

고정상 방식에서는 활성탄이 바로 막히게 됩니다.

유동상 방식에서는 활성탄의 막힘이 발생하기 어렵게 됩니다.

Check Point
• 다단 유동층 활성탄 흡착탑은 통수하면서 활성탄의 교환이 가능합니다.
• 원수가 항상 새로운 활성탄과 접촉하기 때문에 효율적인 처리를 할 수 있습니다.

5. 벌킹의 방지에 효과적인 고부하 2단 활성슬러지법

활성슬러지법에서 벌킹이 생기면 처리수질의 악화나 슬러지의 농도가 급격히 감소하고, 가끔은 배수처리 설비의 운전장치나 공장조업 중단까지 초래합니다. 이 벌킹에 대한 효과적인 대응은 어려운 것이지만 스페로틸스나 타입 1701 등에 의한 사(絲)상성 벌킹을 방지하는 처리법으로서 폭기조를 2단 또는 다단으로 분할하는 2단 활성슬러지법이 이용되고 있습니다.

그중에서 앞단의 폭기조의 부하량을 종래보다 3~5배로 높인 것이 고부하 2단 활성슬러지법입니다.

고부하조에서는 산소량을 충분히 공급한다

고부하 2단 활성슬러지법은 스페로틸스나 타입 1701 등의 사(絲)상세균이 고부하역이나 저부하역에서는 증식하기 어려운 특성을 이용합니다.

그 때문에 앞단의 폭기조에서는 세균의 양을 적게 하여 BOD 부하량을 $30\sim50kg/m^3$의 고부하로 만들고 이것과는 역으로 후단의 폭기조에서는 저부하로 만듭니다.

앞단의 폭기조(고부하조)에서는 원수의 BOD의 80% 이상을 분해시키지만 고부하이기 때문에 플록 형상의 활성슬러지가 형성되기 어렵고 슬러지는 분해상태가 됩니다. 그리고 그 분해상태의 슬러지를 후단의 폭기조에서 천천히 소화시켜 침강하기 쉬운 플록 형상의 슬러지로 바꿉니다.

고부하조는 높은 부하량으로 운전되기 때문에 일반적인 산기관을 이용한 폭기장치에서는 산소량이 부족합니다. 그래서 산소의 용해효율이 높은 어젝터라고 하는 장치를 사용하고 있습니다.

어젝터는 조 내의 슬러지 혼합액을 펌프로 순환시켜 그 순환류로 공기를 수중에 담가놓고 조 내로 분출하여 미세한 기포를 만듭니다. 일반적인 산기관에 비교하여 3~5배의 높은 산소의 용해효율이 가능합니다. 한편 후단 폭기조의 부하량은 낮은 상태가 되기 때문에 폭기 방식은 일반적인 산기관으로 충분합니다.

용어해설 **분산상태** : 물속에 다른 미립형상 물질이 산재하고 있는 상태를 말합니다.

고부하 2단 활성슬러지법의 시스템

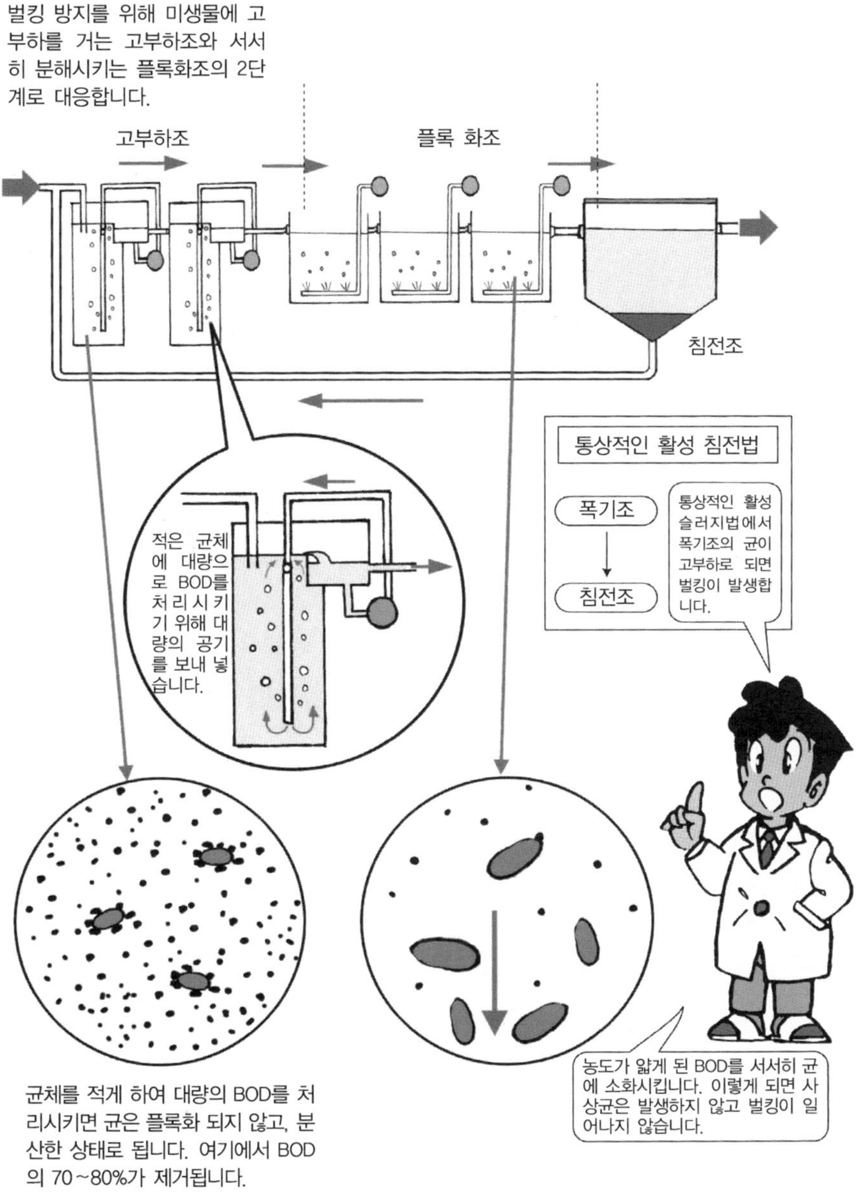

벌킹 방지를 위해 미생물에 고부하를 거는 고부하조와 서서히 분해시키는 플록화조의 2단계로 대응합니다.

고부하조

플록 화조

침전조

적은 균체에 대량으로 BOD를 처리시키기 위해 대량의 공기를 보내 넣습니다.

통상적인 활성 침전법

폭기조

↓

침전조

통상적인 활성 슬러지법에서 폭기조의 균이 고부하로 되면 벌킹이 발생합니다.

균체를 적게 하여 대량의 BOD를 처리시키면 균은 플록화 되지 않고, 분산한 상태로 됩니다. 여기에서 BOD의 70~80%가 제거됩니다.

농도가 얇게 된 BOD를 서서히 균에 소화시킵니다. 이렇게 되면 사상균은 발생하지 않고 벌킹이 일어나지 않습니다.

Check Point
- 폭기조를 2단으로 분할하여 앞단 폭기조의 부하량을 기존의 3~5배로 높게 한 것이 고부하 2단 활성 슬러지법입니다.
- 후단의 폭기조에서는 서서히 소화시켜, 침강하기 쉬운 플록(floc) 형상의 슬러지를 만듭니다.

6. 전기를 사용하여 이온 교환체를 재생하는 연속전기 탈이온 장치

기존의 이온교환은 이온을 치환한 후에 약품에 의해 흡착하고 있는 이온을 제거해야만 했습니다. 약품을 사용하기 때문에 환경보전의 관점에서 바람직하지 않았습니다. 그래서 생각해낸 것이 약품 대신에 전기를 사용하여 이온교환체를 재생하는 연속전기 탈이온 장치입니다.

전기로 전기투석과 물의 전기분해를 한다

장치 중앙에 있는 탈염실에 처리수가 공급되면 이온은 가지고 있는 하전(荷電)에 의해 양·음극의 어떠한 방향으로든 이동하려는 성질을 지닙니다.

예를 들어 NaCl이 용해한 배수의 경우, Na^+는 양이온이기 때문에 음극방향으로 이동합니다. 그리고 이동한 Na^+는 탈염실의 끝까지 이동하여 양이온 교환막에 충돌합니다. 이 양이온 교환막은 선택적으로 양이온을 투과시키는 막이고 Na^+는 농축실 측으로 통과하고 탈염실에서 보면 Na^+가 탈염된 상태가 됩니다.

이렇게 농축실에 들어간 Na^+는 농축실에서도 음극방향으로 이동하여 농축실의 끝의 이온교환막과 충돌하지만 이 막은 음이온 교환막이기 때문에 투과할 수 없습니다. 따라서 Na^+는 농축실에 모이게 되고 머지않아 농축배수로써 배출됩니다.

마찬가지로 음이온인 Cl^-는 양극 측으로 이동하여 음이온 교환막을 통과하고 농축실에서 양이온 교환막에 저지되어 농축실에 모이고 머지않아 농축수로써 외부에 배출됩니다.

탈염실의 하부에서는 이온 농도가 희박하게 되기 때문에 여기에서는 용해분리가 생겨 OH^-, H^+가 발생하고, 이들이 Na^+, Cl^-로 치환하기 때문에 이온교환 수지는 재생된 상태가 됩니다. 즉, 탈염실의 상부에서는 전기에너지가 전기투석으로, 하부에서는 물의 전기분해에 이용되고 얻어진 OH, H 이온이 이온교환 수지로 재생되고 있습니다.

용어해설　**전기투석** : 물 속의 이온을 이온교환막과 전기를 이용하여 분리하는 방법입니다. 양이온 교환막과 음이온 교환막을 상호 나란한 수조에 전극을 넣어 전기를 통하면 이온은 전기운동에 의해 이온의 반대의 전극으로 끌어당겨 교환막으로 제거됩니다. 이 성질을 이용한 장치로 탈염 및 염의 농축을 합니다.

연속전기 탈이온 장치의 시스템

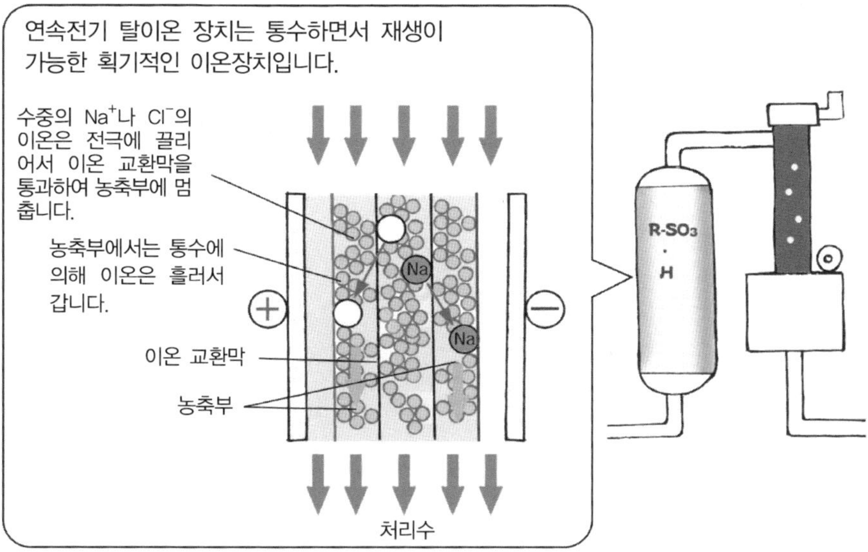

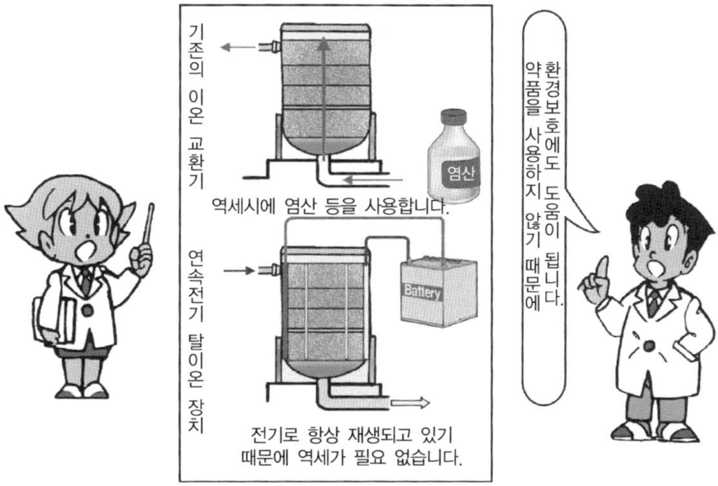

연속전기 탈이온 장치는 통수하면서 재생이
가능한 획기적인 이온장치입니다.

수중의 Na^+나 Cl^-의
이온은 전극에 끌리
어서 이온 교환막을
통과하여 농축부에 멈
춥니다.

농축부에서는 통수에
의해 이온은 흘러서
갑니다.

이온 교환막

농축부

R-SO₃
·
H

처리수

기존의 이온 교환기

역세시에 염산 등을 사용합니다.

염산

연속전기 탈이온 장치

Battery

전기로 항상 재생되고 있기
때문에 역세가 필요 없습니다.

환경보호에도 도움이
됩니다.

약품을 사용하지 않기
때문에

Check Point
• 전기 탈이온 장치는 약품 대신에 전기로 이온 교환체를 재생합니다.
• 전기에너지는 전기투석과 물의 전기분해에 이용됩니다.

꿈의 기술·초임계수

　물의 온도와 압력을 상승시켜 임계점(374℃, 22MPa) 이상으로 올리게 되면, 액체에 가까운 밀도에서 기체가 심하게 분자운동을 하게 됩니다. 이 상태의 물을 '초임계수'라고 부릅니다.

　초임계수는 통상적으로는 용해하지 않는 유기물이나 산소 등의 기체를 균일하게 용해하는 성질을 가지고 있습니다. 그래서 이러한 초임계수의 특징을 이용하여 지금 사회문제가 되고 있는 다이옥신이나 PCB 등의 유해유기물을 시작으로 유기슬러지, 유기폐액 등을 완전하게 분해·무해화하는 기술이 연구되고 있습니다. 초임계수 산화처리라고 불리는 기술로서 아직 일반적인 수처리장치로 되어 있지 않지만 꿈의 기술로써 기대되고 있습니다.

찾·아·보·기

수처리기술

초판인쇄	2012년 6월 29일
초판발행	2012년 7월 6일
초판2쇄	2014년 9월 15일
초판3쇄	2016년 3월 31일

저 자	(주)쿠리타공업
역 자	고인준, 안창진, 원흥연, 박종호, 강태우, 박종문, 양민수
펴 낸 이	김성배
펴 낸 곳	도서출판 씨아이알

책임편집	박영지, 이정윤
디 자 인	이미애, 김나리
제작책임	이헌상

등록번호	제2-3285호
등 록 일	2001년 3월 19일
주 소	(04626) 서울특별시 중구 필동로8길 43(예장동 1-151)
전화번호	02-2275-8603(대표) **팩스번호** 02-2275-8604
홈페이지	www.circom.co.kr

ISBN 978-89-97776-02-3 93530
정 가 16,000원